超能编程队

猿编程童书 著

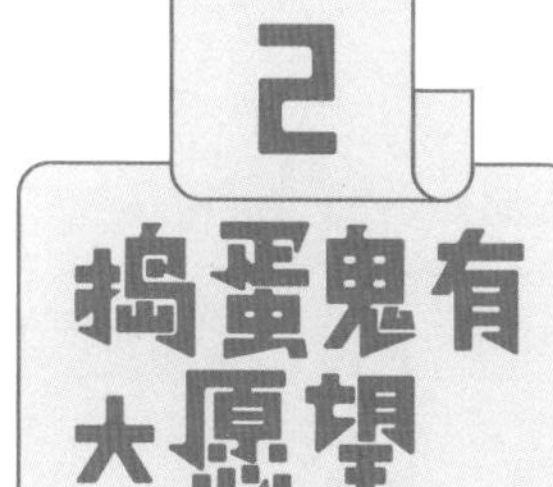

云南美术出版社

果麦文化 出品

欢迎来到
奇妙小学

加载……

60%

皮仔 年龄：9 岁

身份： 奇妙小学三年二班学生，编程小队灵感担当。
特征： 外号搞怪侠，喜欢调皮捣蛋。
爱好： 看漫画、打游戏、给同学讲奇异故事，最喜欢的书是《世界奇异故事大全》。
梦想： 改变自己的人生词云，成为编程发明家。
口头禅： 你猜怎么着？

袁萌萌 年龄：9 岁

身份： 奇妙小学三年二班新来的转校生，皮仔同桌，是编程小队的项目经理。
特征： 外号机器猫，超级学霸。
爱好： 学数学。
梦想： 成为超级编程发明家。

欧阳拓宇 年龄：9 岁

身份： 奇妙小学三年二班文艺委员，编程小队文案担当。
特征： 外号造句大王，口才好，有文采，但有点话多。
爱好： 爱好广泛，啥都喜欢，尤其喜欢看各种各样的书。

陈默 年龄：9 岁

身份： 奇妙小学三年二班学生，皮仔好朋友，编程小队代码助手。
特征： 害羞，不爱说话，被人欺负的老好人。外号漫画大王。
爱好： 喜欢奥特曼。漫画重度爱好者。
口头禅： 嗯……

李小慈 年龄：9岁

身份： 奇妙小学三年二班生活委员。学校教导主任的女儿，编程小队测试担当。

特征： 长相甜美，但说话带刺儿，外号李小刺儿。

爱好： 怼人。

杠上花 年龄：9岁

身份： 奇妙小学三年二班学生，编程小队设计担当。

特征： 喜欢抬杠，外号杠上花。但其实只是想证明自己。

爱好： 喜欢服装设计，爱看《时尚甜心》。

梦想： 成为一名服装设计师。

马达 年龄：9岁

身份： 奇妙小学三年二班转校生，编程小队代码担当。

特征： 隐藏的代码高手。时刻要求自己进步。

爱好： 吃螺蛳粉，喜欢天文、科技。

百里能 年龄：9岁

身份： 奇妙小学三年二班班长。

特征： 对自己要求非常严格。在同学中有威信。理性、严谨。经常在家做各种发明。明里暗里与袁萌萌较劲。

爱好： 弹钢琴、编程。

钱滚滚 年龄：9岁

身份： 奇妙小学三年二班同学，编程小队宣传担当。

特征： 天生对数字敏感。

爱好： 对什么都有一点点兴趣。

目录
contents

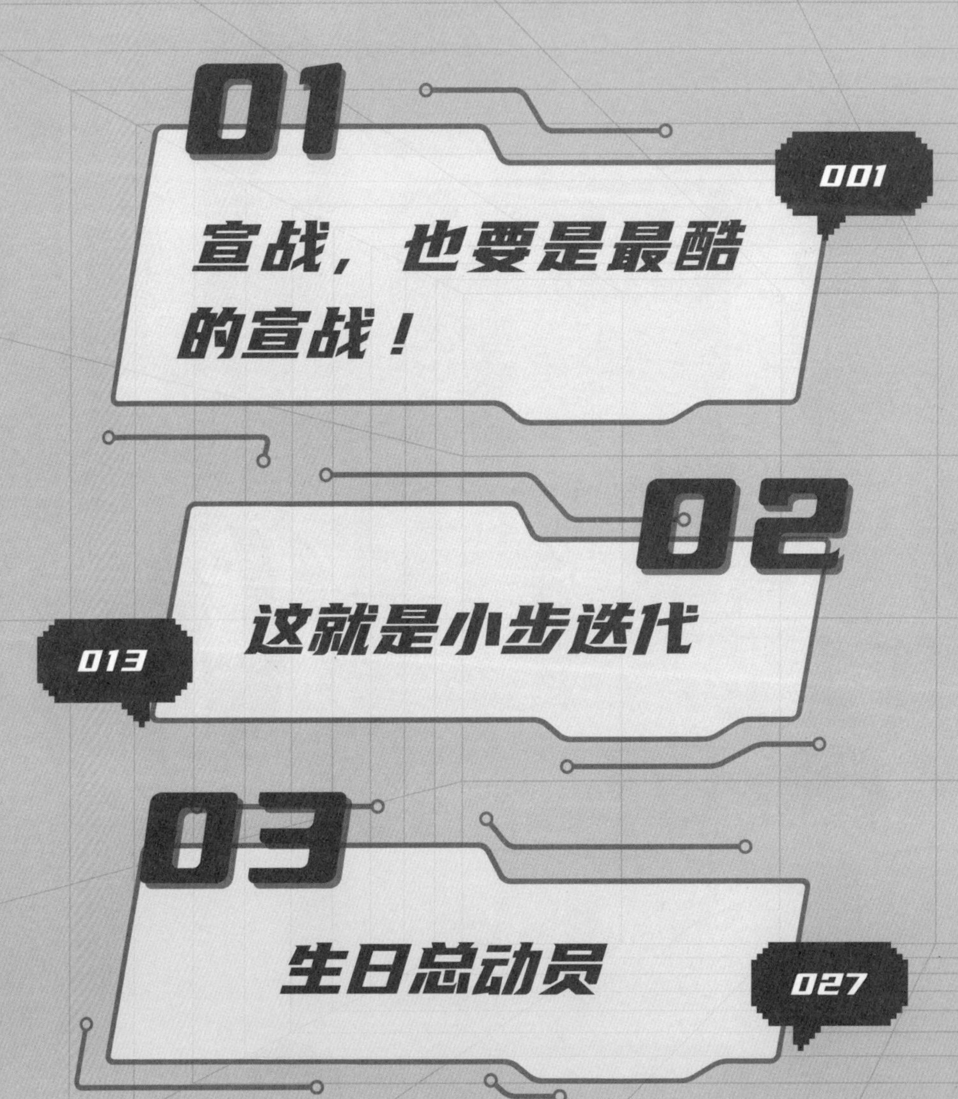

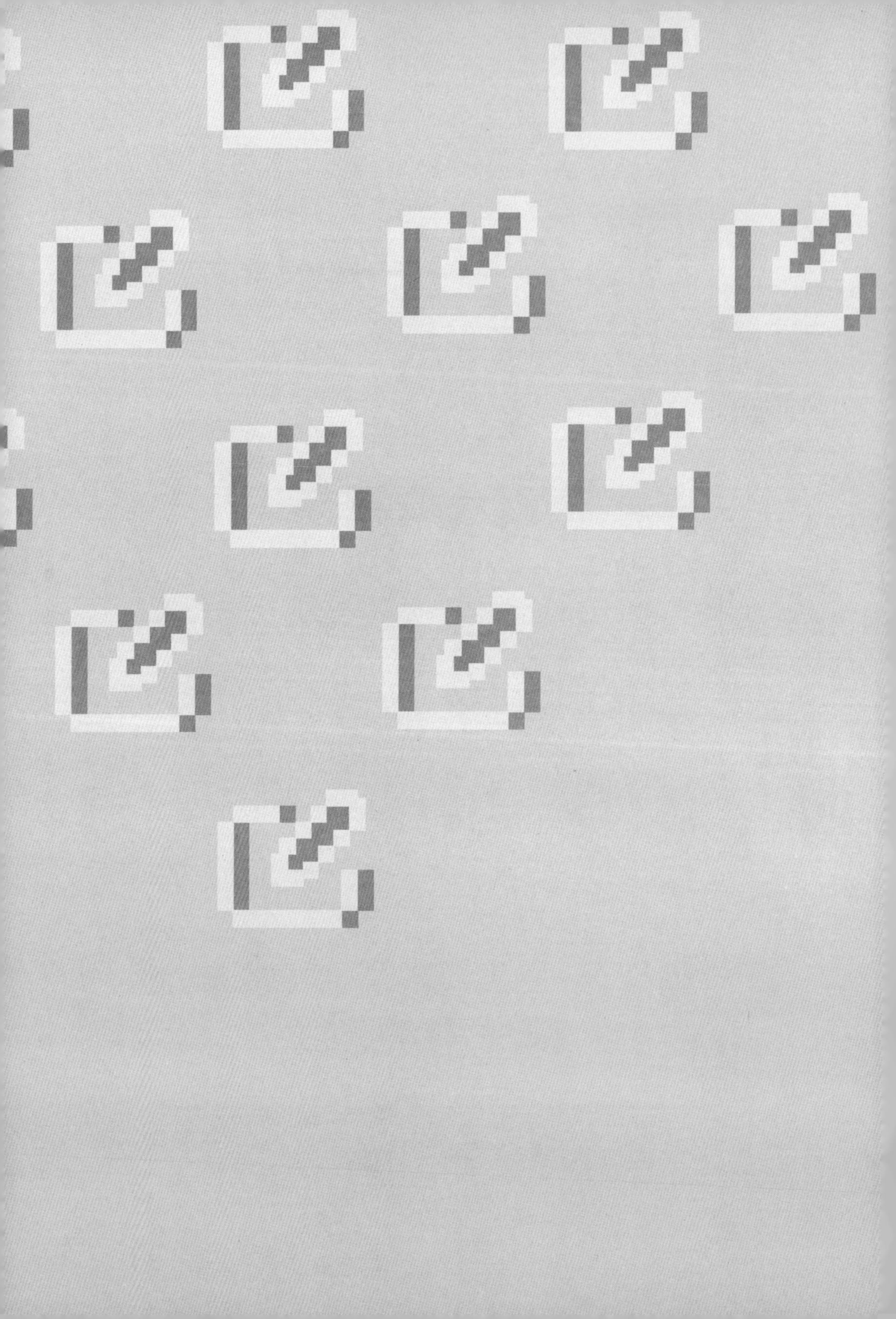

宣战，也要
是最酷的宣战！
01

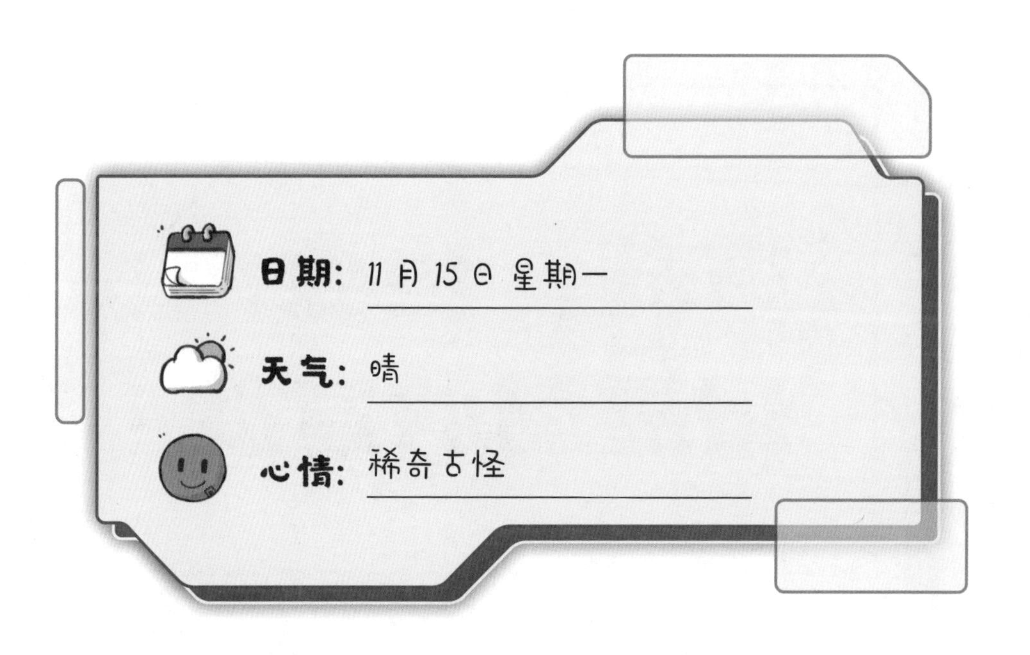

上周发生了一件大事！学校每天下午三点半之后的兴趣班名单里，新出现了编程班！这可太好了，我一直都想学编程！于是，我、袁萌萌、欧阳拓宇、陈默、李小刺儿和杠上花都报名参加了。哦，对了，连平时不怎么跟我们一块玩儿的班长百里能也参加了！**毕竟，谁不想当编程发明家呢？**

就这样，一放学，我们几个都向计算机教室走去。可走到一半儿，我突然想起来，哎呀，编程老师让我们带的教具我忘带了！这可怎么好！我赶紧凑到袁萌萌身边："袁萌萌，那个，老师让带的教具，到时候借我用用呗！"

你还别说，现在我和袁萌萌的交情那是真的深，她二话不说就答应了。

让我这么一提醒，欧阳拓宇发现他也没带教具。他赶紧也问袁萌萌借。袁萌萌无奈地叹口气："好吧，下次可别再忘了！"

这一借我们不要紧，你猜怎么着？李小刺儿和杠上花发现，她俩竟然也没带。

"那个，萌萌，你不能光借给男生不借给女生呀！咱们都是女生，也借给我们吧！"

这下，袁萌萌无语极了，她抱怨道："怎么大家都没带教具呀？"

哈哈哈，没想到这一堂编程课，我们用的都是袁萌萌的教具。你还别说，我们几个也是神奇，总记不得兴趣班老师让带的教具。以前一二年级的时候，老师们会把要带的东西直接发到家长群里。到了三年级，蔚蓝蔚蓝的老师说，不许家长再帮着收拾书包了，所以就不发消息了。这下可好，我们哪儿记得住啊，没有家长的帮忙，我们三天两头忘带东西。

欧阳拓宇经常抱怨，说老师们让我们带的东西太多了，根本记不住！一向沉默的陈默也抱怨过，说老师每次让带的东西都不一样！千奇百怪的，记不住才正常。

听大家都这么说，我用胳膊肘杵了下袁萌萌："袁萌萌，要不你发明个可以帮我们收拾书包的东西吧,每天自动提醒我们要放什么，就叫自动收书包机！"

欧阳拓宇一听，立刻加入讨论："自动收书包有什么厉害，应该发明个一说就有机！老师一张嘴，一说要带什么，那东西就跟听见了似的，自己跑进书包里，多好！"

李小刺儿听了，也来了兴趣："'一说就有'哪有'不说就有'厉害呀？要我说，最好发明个心知肚明机！老师根本不用张嘴，她心里一想明天要带什么，哗一下，那东西就自动跑进咱们的书包里了！等第二天上课的时候，我们才发现，哦，原来老师让我们带的是这个呀！”

袁萌萌不满意地撇撇嘴：“你们真当我是机器猫了呀！”

我连忙说：“别谦虚，你就是机器猫！你可是来自22世纪的！”

我继续夸奖袁萌萌。没想到，旁边新来的马达开口了：“别闹了，编程搞不了这些，你们说的都是童话！”

听到会编程的马达这么一说，我们都扫兴地摇摇头。这个话题就不了了之了。

然而，让我们意想不到的是，第二天“一说就有机”居然真的出现了！

周五放学，班长百里能把我的智能手表借走了，等还回来的时候，他的表情奇奇怪怪的。我当时也没在意，等周日晚上收书包的时候，神奇的事情出现了！

我看着课程表说了一句：“明天星期一，第一节语文课。”没想到，我的智能手表居然说：“语文课要带阅读书目《月亮船》。”

好家伙！吓了我一大跳！这手表成精了？我看看手表，想起百里能把它借走过，突然明白了！原来是他听见了我们的聊天，自己研发出了“一说就有机”呀！百里能都能搞编程发明啦！我们班不只有一个袁萌萌是编程发明家，这个和我同一时间学编程的百里能，短短几天，居然也搞起了编程发明！

我当时的心情那是甜里带着酸，酸里带着苦，苦了吧唧，辣乎乎的，咸不溜丢，麻酥酥地透着苦。他怎么能那么短的时间就搞出来？不行，让我再试试。“第二节数学课。”

“数学课要带圆规。”

还真灵！我再试试兴趣班的看有没有反应。“课外兴趣班！”

“编程课要带教具袋，漫画课要带彩色笔，彩泥课要带橡皮泥。昨天向袁萌萌借的教具要记得还给她。”

厉害呀！连借的东西都提醒我还！正当我惊奇不已时，我们家的电话响了，是欧阳拓宇打来的。

“皮仔皮仔！我家闹鬼了！”

“闹鬼？闹什么鬼？”

“我跟你说！我这正收拾书包呢，突然有人跟我说话，他还知道我欠袁萌萌教具没还！太可怕啦！”

哈哈哈哈，百里能的发明被欧阳拓宇当成闹鬼了！“哪儿是闹鬼呀，那是你的手表！百里能是不是也跟你借手表了？告诉你吧，这是他发明的一说就有机，他偷偷给咱们都安上了，估计就想吓咱们一跳。”

让我这么一说，欧阳拓宇才明白过来：“也就是说，除了袁萌萌，咱班又多了一个编程发明家？”

我还没来得及回答欧阳拓宇，我妈拿着手机进来说：“皮仔，陈默给你打电话，都打到我手机上来了！”

我接过电话，那头陈默大惊小怪地说：“皮仔，你知道吗？咱班不止袁萌萌一个发明家了！百里能！他在我手机上安了个东西！”

我正要回陈默的话，我爸又进来了，说：“你们班的李小慈找你，电话都打到我手机上了！”

我左手接着欧阳拓宇的电话，右手接着陈默的电话，脖子上夹着李小刺儿的电话。只听李小刺儿说：“我跟你说！世界上真的有一说就有机！而且还是百里能发明的！”

就这样，百里能作为我们班的新晋发明家，再次成为大红人。

今天早上一来学校，同学们都争着求百里能给自己安一个一说就有机，不过百里能说，这个发明不叫一说就有机，而叫语音课程表。随便啦，他高兴就好。

在大家争着要安装语音课程表的时候，我发现只有一个人纹丝不动，那就是我的同桌袁萌萌。嘿嘿，这么好的机会，我打算逗逗她：“怎么啦，机器猫，风头被人抢了？”

袁萌萌瞪了我一眼，没理我。我突然想起来，语音课程表提醒我把教具还给她。这次我还真带了，把这学期管她借的东西全带了。语文课的听写本、数学课的三角尺、英语课的字典……我一股脑儿地都还给她了。

袁萌萌吃惊地说：“我的天！你居然会还东西给我？”

还没等我回话，陈默、欧阳拓宇、杠上花都围了上来，纷纷把自己借过的东西还给了袁萌萌。

袁萌萌惊讶得嘴都合不拢了：“贴画？这本课外书？我以为找不着了！小熊尺子！我居然

找回了我的小熊尺子！”

看着大家把以前借走的东西还回来，袁萌萌特别感动。她突然小声说：“看来，这个语音课程表还真有点意思！”

这时候，上课铃响了。同学们纷纷回到座位上，包老师走进来，严厉地说：“把昨天让家长签字的卷子拿出来！”

没想到，袁萌萌一听就傻眼了。她小声问我：“什么家长签字？我怎么不知道？”

我得意地说：“我也不知道老师是什么时候说的，是语音课程表提醒我带的。”

就这样，我们几个常忘带东西的人，今天都带了卷子，而从来没有忘带过东西的袁萌萌居然忘带了卷子。

下课后，我看见她扭扭捏捏地走到百里能身边说：“班长，你那个语音课程表，也给我安一个呗！”

哈哈哈哈，我看见百里能使劲儿忍着，不让自己露出得意的笑。百里能这算是正式宣战了呀，而且还成功了！不过，会编程可真好呀，即使是宣战，也是这么酷的宣战。要是我也能用编程搞发明就好了！我要加油！争取早日研发出我自己的发明！皮仔加油！

超能发明大揭秘

最近，班里总有同学丢三落四，借了别人的东西也总忘记还。这严重影响班级和谐。身为班长，我有责任解决这个问题！我可以用学到的编程知识，做一个语音课程表，让所有人在收拾书包时，都能做到井井有条。

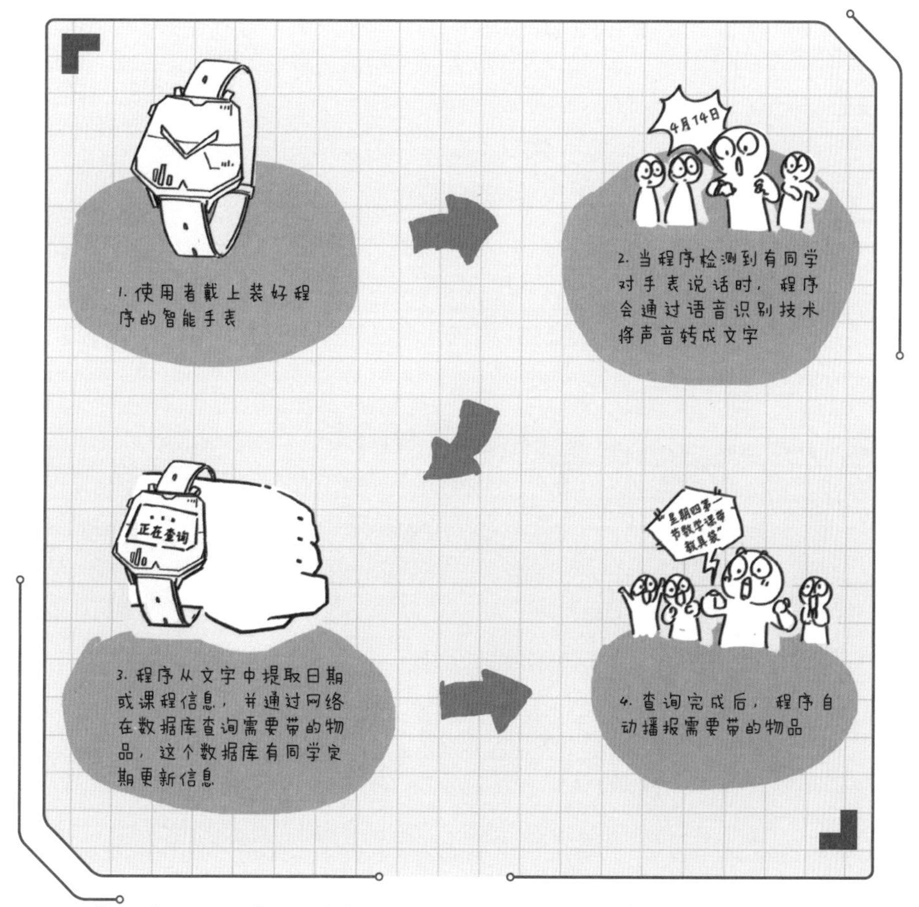

同学们打开软件，说出日期和课程，程序会播放课程对应要带的东西。有了它，大家再也不用担心上课忘带课本和教具啦！

语音合成的实现方式

通过语音合成，智能机器可以像人一样具备说话能力。

不知道大家还记得《机器人总动员》中的瓦力不？它就是那个有着机器噪音的垃圾回收机器人。随着技术的发展，语音合成出的声音越来越自然、越来越像真人。想实现语音合成需要四步：

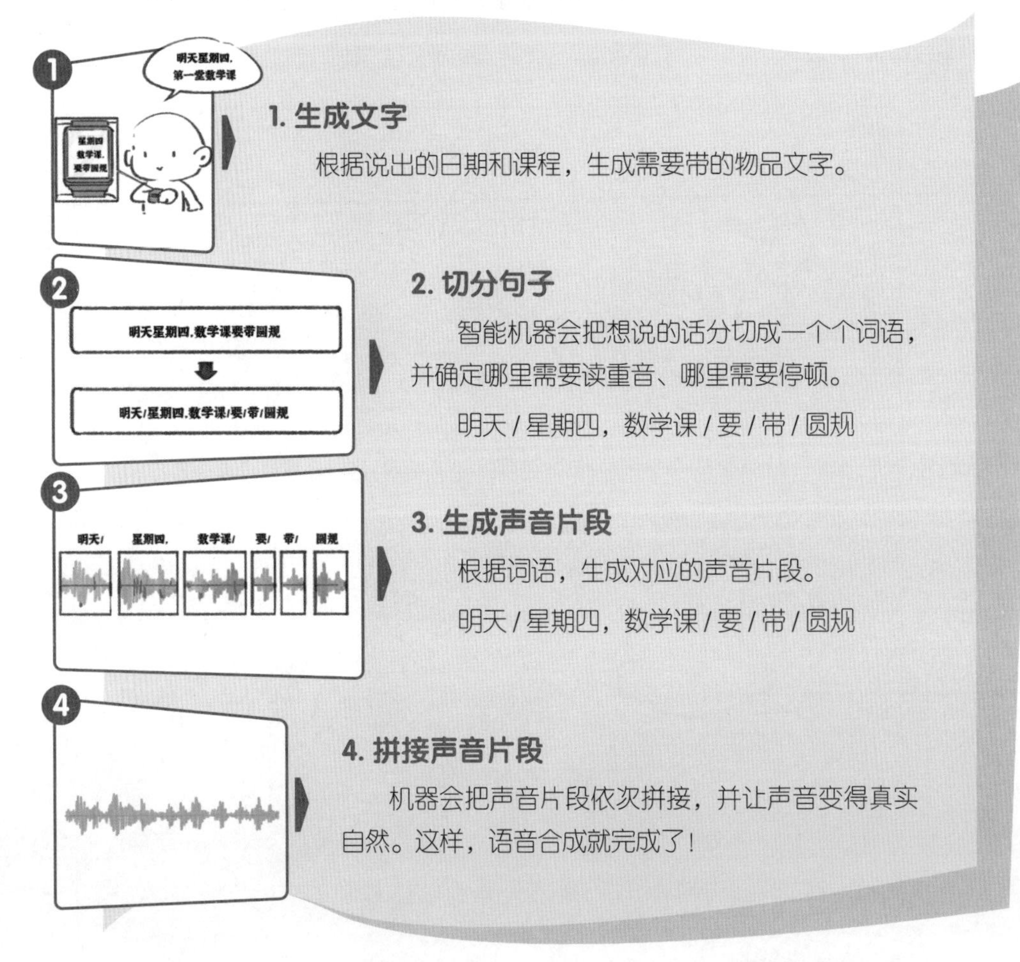

我做的语音课程表会发出语音，告诉同学们每堂课需要带的文具，还能提醒大家归还东西，这样，我们班再也不会有人丢三落四了。

这就是小步迭代

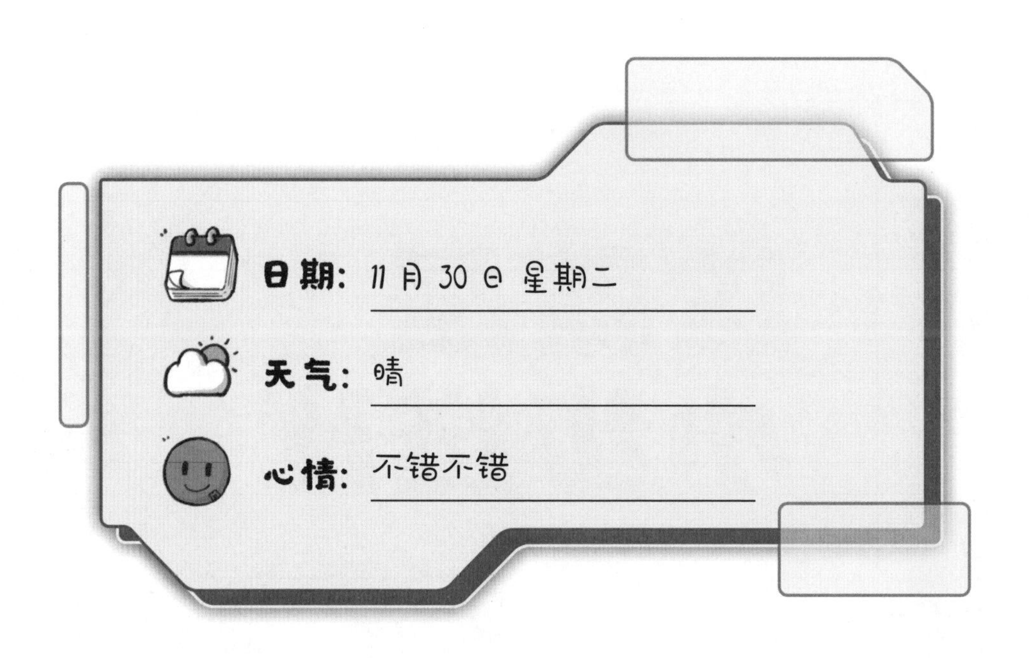

最近，我们班又出了件大事！这还得从我跟袁萌萌聊星座说起。

上上个星期，我和袁萌萌聊起星座才知道，她是射手座，而且她马上就要过生日了。我灵机一动，觉得袁萌萌刚来我们班，大家对她还不熟悉，正好可以趁此机会，给她个生日惊喜。

于是，我把这个消息告诉了欧阳拓宇和陈默，说好每人准备个礼物给袁萌萌。

到了袁萌萌生日那天，我们在课间送上祝福，没想到旁边的李

小刺儿却噘起嘴来。奇怪，我们给袁萌萌过生日，她有什么不高兴的？一问才知道，闹了半天，今天也是她的生日！没想到她竟然跟袁萌萌同年同月同日生！

袁萌萌知道后，特别懊恼，简直想马上变出个礼物给李小刺儿补上。不过，这边李小刺儿还没平息，那边杠上花又说，昨天是她的生日，也没有同学知道，更没有同学给她庆祝。

“要是有个什么东西可以告诉我们每天都有谁过生日就好了！”

没想到，我刚说完，百里能和袁萌萌同时站了起来。百里能说：“这事儿交给我吧！我有办法让每个人的生日都能被知道！”

“我也有办法！”袁萌萌不服气地说。

看这架势，他俩简直是针尖对麦芒！大家一下子来了兴趣，都想看看两位编程发明家能搞出什么不一样的生日机。

“不过——”百里能和袁萌萌突然同时说，“你们的手表今天得交给我！”

我知道！他们肯定打算把发明出来的东西安装在手表上。不过，他们俩发明的肯定不一样，我体验谁的好呢？我正犹豫，一抬眼，看见袁萌萌正盯着我看。瞧她那犀利的眼神儿，算了，谁让我们是同桌呢，我乖乖地把手表递给了她。袁萌萌接过手表，这才满意地点点头。

第二天，袁萌萌刚把手表还回来，我就迫不及待地戴上查看。哇，手表里出现了一个为我们班同学量身定做的日历！全班同学的生日都标注在了上面。

袁萌萌说，这是她发明的**生日提醒机**，用的是日历的原理，它既能提醒大家今天的日期,又能同时告诉大家今天有没有同学过生日。

厉害呀！袁萌萌还真是厉害。有了它，我现在就能知道全班同学的生日啦，还能推算出他们的星座。让我看看，呀，原来欧阳拓宇是水瓶座！咦？陈默是摩羯座！看看百里能是什么星座？哇，竟然是处女座！

白羊座

我正乐着，只见欧阳拓宇背着书包走进教室，我赶紧招呼他：“欧阳，快看！袁萌萌发明

的生日提醒机，里面有全班同学的生日！”

没想到欧阳拓宇却说：“只有提醒吗？”

这话啥意思？除了提醒，还能有啥？我一时摸不着头脑。

只见欧阳拓宇慢悠悠地伸出胳膊，亮出他的智能手表，说：“看，百里能发明的**生日礼物推荐机**，不仅能显示当天有哪个同学过生日，还能为我们推荐一些适合送给他的生日礼物。”

这么神奇？我一下子就被吸引了，把头伸向他的手表一看，钱滚滚马上要过生日了，手表上显示出了适合送给他的礼物——钱包！

太神奇了！太好玩了！这是怎么做到的？

我马上找到百里能，让他给我的智能手表也安装上他的发明。

百里能说：“钱滚滚的生日快到了，已经有二十多个同学下载了我的小程序，今年他肯定能过个盛大的生日，真对得起他的名字——钱滚滚。”

我忙说：“对，名不虚传！”

日子过得飞快，一转眼就到了钱滚滚的生日。那天，大家都准备了给钱滚滚的礼物。因为全班同学都下载了百里能的小程序，除了袁萌萌。当同学们递上礼物的时候，她在一边悄悄地观察，就像预感

到会发生什么事似的。

第一个送上礼物的是欧阳拓宇："钱滚滚，这是我根据生日礼物推荐机，特意为你准备的礼物，希望你喜欢。"

钱滚滚接过礼物，瞬间脸都绿了。我凑上去一看，啥？《黄冈小状元》？这是啥礼物？

欧阳拓宇理直气壮地说："这可是礼物推荐机上推荐的，适合钱滚滚的礼物！"

紧接着，李小刺儿又送上了她准备的礼物，没想到，钱滚滚接到礼物后更尴尬了。竟然是个九连环和孔明锁！钱滚滚可是一看见这些东西就犯晕的！他有点生气地说："你这是戳我的短处呀！"

李小刺儿却说："这可是礼物推荐机推荐的呀！"

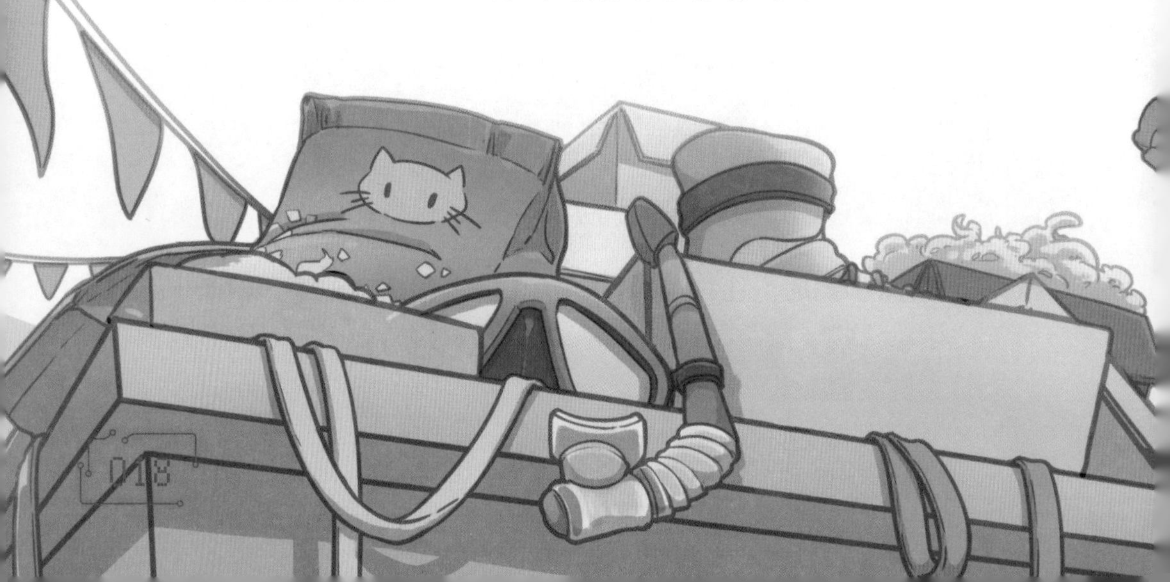

接下来，同学们送的礼物没有一个是钱滚滚称心的。比如轮滑鞋，可钱滚滚根本不会轮滑；还有潜水镜，但钱滚滚连游泳都不会；最有意思的是，有人送给钱滚滚一袋猫粮，他可最怕猫了！

我一看，气氛不对，赶紧献上我准备的礼物——一盆可爱的小盆栽。

可是我的礼物刚往钱滚滚面前一摆，他就喷嚏连天:“快拿开——阿嚏，我花粉过敏！”

我惊讶地看着钱滚滚，这礼物推荐机也太不准了吧！没有一个礼物是适合他的。

这时候，袁

萌萌开腔了：“百里能，你是依照什么逻辑进行推荐的？”

百里能振振有词地说：“关键词啊，我把‘9岁’‘男孩’作为关键词，输入购物软件，跳出来的就是这些商品。”

袁萌萌又说：“这怎么行！你知道世界上有多少个9岁男孩吗？你知道他们有多不同吗？就拿咱班来说，男生基本都9岁，可他们喜欢的东西千奇百怪，怎么可能推荐同样的礼物呢？”

欧阳拓宇也说：“就是！你怎么会不懂私人定制的道理？”

百里能皱着眉，一时不知道要说什么。

“反正这次的礼物推荐——失败！”钱滚滚总结道。

听到大家的抱怨，袁萌萌胸有成竹地一笑，说：“大家期待一下我的2.0版礼物推荐机吧！”

再过几天是马达的生日。他是新来的插班生，大家对他的认知还停留在代码高手和班级接梗机的阶段。正好，通过这次生日，大家可以更深入地了解他。

我打开智能手表，看到上面显示，马达喜欢的礼物有大口径高端天文望远镜。我上网一搜，我的天！两万多，可真贵！买不起，买不起！再往下看，他喜欢的东西还有智能AR游戏机，我一看价格，好家伙，打搅了打搅了。

这马达喜欢的东西怎么都这么贵！我们小孩怎么能消费得起？就没有便宜点的吗？我使劲往下看，一直往下一直往下。终于，让我看见了一个便宜的——螺蛳粉！

原来马达喜欢吃“臭烘烘”的螺蛳粉啊！这个好，便宜，就它了！

我赶紧下单，很快螺蛳粉就到了。我还把它包装了一下。

今天是马达的生日，我得意地将礼物送给了他。可是，最让人意外的事发生了，

马达拆开一个个礼物,发现那些礼物,竟然全部都是——螺！蛳！粉！

马达有些尴尬地说：“螺蛳粉是我的最爱！不过，怎么全是螺蛳粉呀？”

来晚了的欧阳拓宇一看大家送的都是螺蛳粉，有点不好意思再掏出来了。可买都买了，不送怎么行。于是，他灵机一动，直接泡了一碗，端给马达。

“马达，我这碗可不一样，我这是直接入口、入口即化的螺蛳粉，服务更贴心哦。”

剩下几个还没送的同学，都效仿这招，把螺蛳粉冲开了。好家伙，一时间教室里充满了螺蛳粉的“臭味”，熏得我们在屋里都待不下去了，争抢着跑出教室。

正在楼道巡视的教导主任也跟着说：“什么味儿啊？厕所坏了？管道漏了？快叫人去修！”

就这样，班长百里能发现了礼物推荐机还有可优化的空间，于是兴高采烈地对袁萌萌说：“看来 2.0 版也漏洞百出，还是得期待我的 3.0 版。”

袁萌萌一挑眉毛，说：“3.0？你有想法了？”

“当然，你知道为什么你推荐了那么多礼物，可全班同学还都选择了螺蛳粉吗？”

袁萌萌疑惑地摇摇头。

百里能得意地一笑：“因为你推荐的其他东西虽然是马达喜欢的，但都太贵了，不是同学们能买得起的，只有螺蛳粉便宜，大家当然全买它了。我的 3.0 版，会考虑到价格因素，到时候会推荐又便宜又可心的东西，敬请期待吧。”

袁萌萌说：“没想到你迭代得还挺快！”

百里能笑着说：“**小步迭代**嘛！就是要迅速！”

“你们说啥？啥是小步迭代？”我不解地问。可他俩都没有理我。

哎！他们会编程的人说的话，我都快听不懂了。不过，我最近编程学得也不错，老师一直夸我，说我有悟性又聪明，适合学编程。

你们等着，在不久的将来，我皮仔也一定要发明一个 4.0 版的，我也要那个什么，那个词叫什么来着？哦，对了，小步迭代！

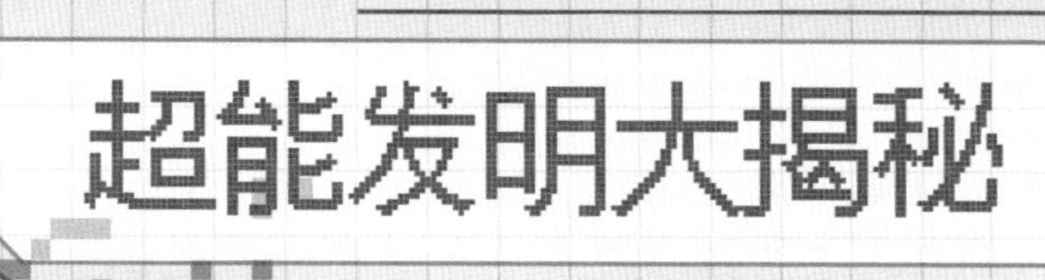

我要做一个生日提醒机，让全班同学的生日都不会被忘记。不过，这次是我和袁萌萌比赛，看谁做的发明能让同学们更喜欢。要怎样才能做得比她好呢？有了！

只要某位同学快过生日了，程序就会提前发送提醒消息，不仅有生日日期提醒，清单推荐！真是方便又实用的发明呀！

大数据分析

这次的发明，我之所以能给出推荐礼物清单，都是靠大数据分析技术。大数据分析，是一种计算机对数量庞大的数据进行分析，发现数据背后的秘密的技术。

人们每天使用手机或计算机时会产生大量数据， 这些数据在经过大数据分析后就能显露出一些有价值的信息。比如，收集不同性别、年龄的用户在网站浏览商品的信息，通过大数据分析，就可以得到不同性别、年龄的用户，大概率会喜欢或需要哪些商品。

大数据分析在生活中的应用非常广泛，给我们的生活带来很多的便利。

日常饮食

当我们想吃东西的时候，手机软件可以告诉我们附近哪家店最好吃；

视频娱乐

视频网站能够推测你的喜好，为你推送更多你感兴趣的视频；

交通出行

使用导航时，通过分析很多城市道路的实时数据，最后告诉我们应该走哪条路更近或更快。

运动训练

运动员可以利用大数据技术制订更合理的训练计划，取得更优异的成绩。

医疗诊断

医生能够利用大数据技术分析和研究大量病例，从而更准确地诊断疾病、改进治疗方案，救助更多患者。

未来，我们在生活中会接触到更多的大数据分析应用。大数据时代，我们的生活也在发生改变。

生日总动员

03

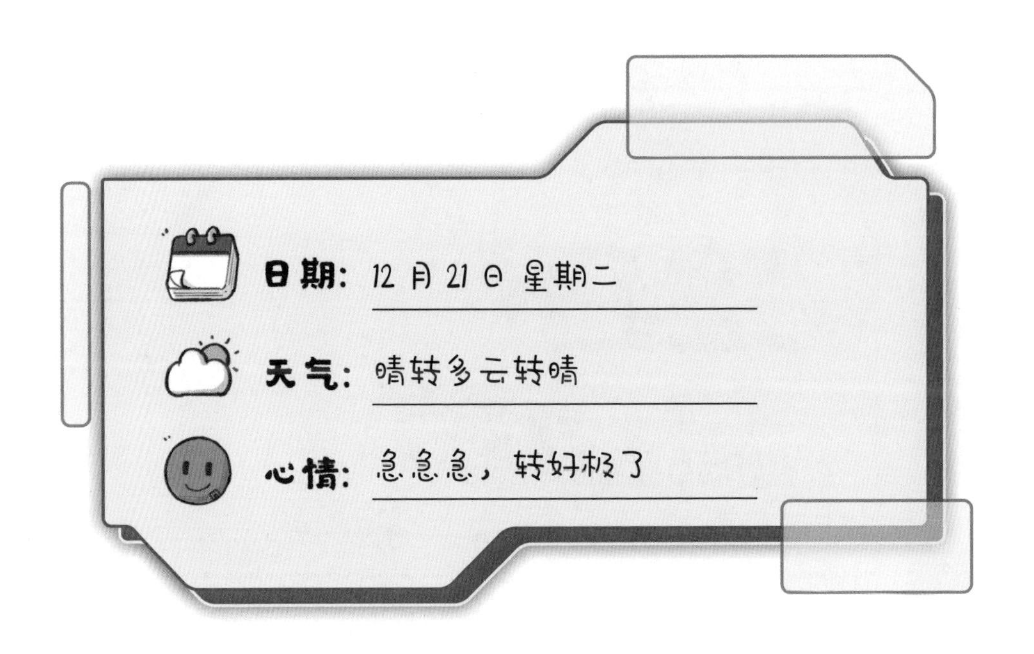

急死我了，我的好朋友陈默，他的生日要泡汤了！

上周五早上，我因为睡过头差点儿迟到，等我风风火火赶到教室时，刚好看到班主任和杠上花的妈妈站在教室门口聊着什么。杠上花站在一旁，看见我来了，朝我眨眨眼。我心想，这孩子干什么了，搞得老师找家长？

我没有马上回座位，站在门后偷听。只听杠上花的妈妈说："老师，我家孩子最近变得特别勤快。"

蔚蓝蔚蓝的老师笑眯眯地说：“帮助学生养成良好的行为习惯是我们应该做的，您不用客气。”

“不是，是特——别勤快！特！别！”

蔚蓝蔚蓝的老师愣了一下，听出了言外之意，问是怎么个特别？

“她一天要倒四五袋垃圾！上周，光倒垃圾就挣了十几块钱！”

“什么，倒垃圾还能挣钱？”蔚蓝蔚蓝的老师眨着大眼睛说。

“是她爸爸为了鼓励她干家务，承诺干家务换零花钱，倒一次垃圾给五毛钱。”

一旁的杠上花小声纠正道：“是一块……”

我一听，这也太好了吧！在我们家，我可都是免费倒垃圾的。杠上花家里竟然可以换钱！不行，我得回去跟我妈说说，以后倒垃圾也得给我付钱。如果倒垃圾是一块的话，那扫地还不得两块？拖地得至少三

块吧！洗碗，可以要到十块……哈哈，发财啦！

蔚蓝蔚蓝的老师微微一笑，说："既然是家长和孩子协商好的，多劳多得，也无可厚非吧？"

"可问题是，她没有垃圾也要制造垃圾！我跟她爸白天上班，她白天上学，家里哪儿来那么多垃圾？昨天，趁她还没倒，我去翻了垃圾袋，发现原来是她把学校的垃圾也带回了家！"

蔚蓝蔚蓝的老师惊讶地说："您怎么知道那是学校的垃圾？"

杠上花的妈妈快速地从手提包里掏出一沓皱巴巴的小字条，说："您看，这小字条上写的皮仔和欧阳是你们班的吧？"

这……我就尴尬了。前天上课的时候，我确实跟欧阳拓宇传小字条来着，字条后来也确实都扔垃圾桶了。但但但，这不重要，重要的是杠上花真把学校的垃圾带回家了！

"老师您不知道，这孩子以前呀，叫她干活她就跟你抬杠。突然这么勤快地赚钱，我以为她在学校被敲诈了。

后来一问才知道，原来是要给同学买生日礼物！老师啊，同学之间祝贺生日本来是好事。可为了送生日礼物，让小孩子想方设法赚钱，就……要不得了吧！这风气真的不太好……”

杠上花的妈妈一个劲儿地说，蔚蓝蔚蓝的老师根本插不上嘴，只能频频点头。等杠上妈一走，她就气呼呼地走进教室。我赶紧回到座位，还好没被她发现。只见蔚蓝蔚蓝的老师往讲台上一站，说：“以后再有同学过生日，严禁花钱送礼物！”

“啊？”大家都很失望。心直口快的李小刺儿马上嚷嚷起来：“凭什么呀！我都送出去那么多礼物了，凭什么等我的生日就不能收礼物了？！”

但最最失望的还要数陈默，因为只差几天就是他的生日了，偏偏在这个节骨眼儿上，老师不让买礼物了！

陈默这个人吧，不那么爱表达，但听了这消息后，他一整天就跟霜打的茄子似的，蔫儿蔫儿的，看得我心里怪难受的。

不行，我得想个办法，不能让他的生日就这么黄了。什么礼物不花钱还能有礼物的感觉呢？我想啊想，终于在整理编程课作业的时候，想到了一个绝妙的点子！

今天是陈默的生日，我早早地来到学校。为了准备惊喜，我特意替今天的值日生钱滚滚值日，他当然求之不得。趁值日的工夫，我把惊喜悄悄放进了班级投影仪里。

没一会儿，其他同学也陆续进了教室。要是按前些日子的规矩，陈默的座位上很快就会堆满花花绿绿的礼物盒。但由于班主任的禁止令，他的桌上空空如也。陈默进来的时候，别提有多失望了！但他还是假装镇定地坐下来，掏出课本，没精打采地读起了英语。我知道，他在掩饰内心的失望。我在心里暗暗对他说——好朋友，再等等，等放学的时候会有大惊喜啦！

终于挨到最后一堂课结束。老师刚离开教室，我就冲上讲台，趁着擦黑板的工夫，悄悄打开投影仪。

一个略带滑稽的熟悉声音响了起来："陈默！陈默同学在吗？陈默！陈默！陈默！"

全班同学都愣住了。欧阳拓宇指着黑板前的电子投屏，叫了起来："唐老鸭！是唐老鸭！"

大家本来还在收拾书包，这下都不动了，惊奇地看着投屏上的唐老鸭。好戏开场啦！

唐老鸭之后，又一个声音响了起来，这回是孙悟空：“在那儿呢，第一排最中间那个！就是那个胖乎乎的小男孩！”

大家齐刷刷地望向陈默。他看着投屏上的唐老鸭和孙悟空，眼睛里像瞬间点燃了烟花，亮了起来。

接着，一个又一个动漫人物出现在屏幕上和陈默打招呼。先是海绵宝宝和派大星，两人夸陈默又帅又可爱。然后是樱桃小丸子、蜡笔小新、哆啦A梦和名侦探柯南，这几个都夸陈默很聪明，想和他做朋友。

每出现一个动漫人物，陈默的眼睛里就放一次烟花。同学们的惊呼也跟放爆竹似的噼里啪啦地响了起来！连路过的别班同学也都纷纷停下脚步，脑袋挨脑袋地挤在窗边，跟着大呼小叫。

最后，当奥特曼带着钢铁侠、蜘蛛侠、蝙蝠侠和超人登场的时候，大家都要疯了。陈默激动地直接从座位上弹了起来。

只听奥特曼说：“陈默同学，生日快乐，祝你成为自己的超级英雄。我们所有人，一起为陈默同学唱首歌儿吧。”

在奥特曼的号召下，全班同学一起给陈默唱生日歌。不夸张地说，陈默幸福得快要飞起来了！

然而就在气氛最热烈的时候，蔚蓝蔚蓝的老师快步走了进来。一看到屏幕，她的眼睛瞪成了铜铃：“这、这、这是谁干的？”

我吓了一跳，主动承认道：“报告老师，这个**电子贺卡**是我用编程技术做的，没、没花钱。”

话音刚落，班里再次炸开了锅。我听见自己的名字就像跳跳糖似的在同学们嘴里砰砰砰地爆开来。大家都很吃惊,我也能搞发明了！他们还说我做的电子贺卡特别棒！

听着同学们的感叹，看着同学们大吃一惊的表情，我一时竟有些飘飘然。最让我没想到的是，连蔚蓝蔚蓝的老师也表扬了我！她说我做得非常好！让人刮目相看！

那天之后，我觉得全世界都变了！同学们看我的目光更柔和了，跟我说话的声音更悦耳了，连平时不怎么跟我说话的女同学，都主动跑来跟我说话，希望我能帮她做一个艾莎贺卡。我有一点开心呢。要

不是会编程发明，班里有的同学可能都不会和我说话！

放学的时候，我被一群女同学围着走出教室。然后，你猜怎么着，惊人的一幕出现了。那个传达室大爷，就是用打招呼识别眼镜叫我名字的大爷，竟然朝我走了过来。他边走边说：“三年级二班的皮仔！”

“我没乱涂乱画呀？又要罚我擦围墙吗？”我有些紧张地问。

“不是，不是，我听说你会做电子贺卡，也想让你帮我做一个。”

“那，您、您喜欢什么卡通人物啊？”

大爷的回答吓了我一跳，他说他喜欢芭比娃娃！

“不是，不是，是我孙女喜欢，她要过生日了。”

没想到，传达室大爷也有求我的一天！我立刻答应下来，没多久就把做好的芭比娃娃贺卡给了大爷。这可把他高兴坏了，引得旁边的保安都过来看。

传达室大爷高兴地说，他这次可算是认识我了。我知道，这一次他认识的是不一样的我——是**编程发明家皮仔**！我要加油，好好精进我的编程技能，下次再搞个更大的惊喜给大家！

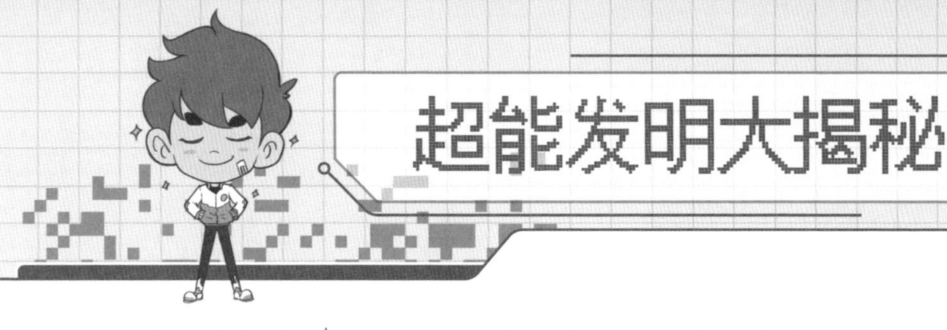

终于有机会做发明啦！哈哈，我是班上除了袁萌萌和百里能之外，唯一的编程发明家！我的第一个发明是给我的好兄弟陈默的，我要给他做一个不用花钱的电子生日贺卡，嘿嘿，看我的。

只要打开电子贺卡，陈默喜欢的动漫人物就会在贺卡上出现，他们不仅能说出我提前录制好的生日祝福，还可以唱生日歌给陈默听。陈默肯定会喜欢！

语音合成的发展

这次的生日贺卡，我用到了语音合成技术。没想到吧！语音合成技术不仅可以发出真人的声音，还可以发出卡通人物的声音。你们知道吗？这个技术，科学家们可是研究了好多好多年，才取得了实质性进展。

1939 年，第一台电子合成器诞生了。它是由贝尔实验室的 H · 杜德利（H · Dudley）利用共振峰原理制作的语音合成器。

1973 年，霍姆斯（Holmes）的并联共振峰合成器被大量运用，这个合成器能合成出非常自然的语音。不过，还是难以达到把文字转换成语音的实用要求。

1990 年，语音合成技术有了新进展，基音同步叠加（PSOLA）方法的提出，让音色和自然度大大提高。在此基础上，法语、德语、英语、日语等语种的转换系统研制成功。

1995 年以后，国家大力支持汉语普通话的语音合成技术。其可懂度和清晰度逐渐达到高水平。

语音合成技术是一项十分实用的技术，随着研究的突破，说不定将来我们还可以合成动物的声音、自然万物的声音呢。

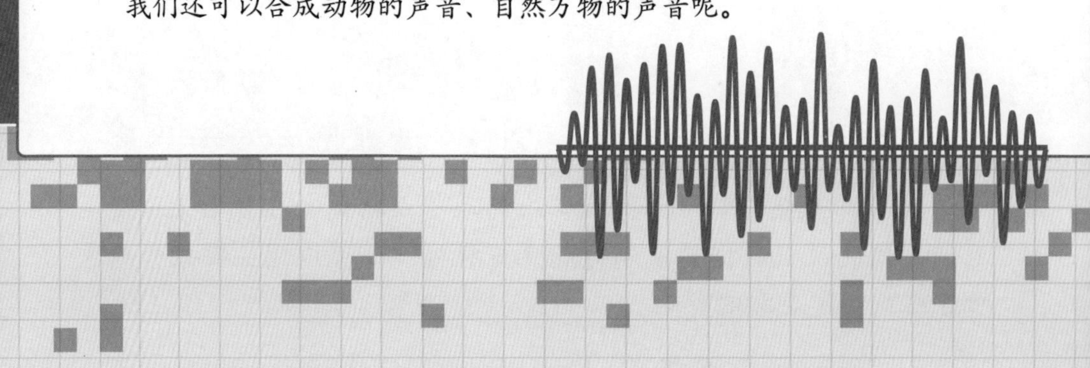

一起看
漫画吧！
04

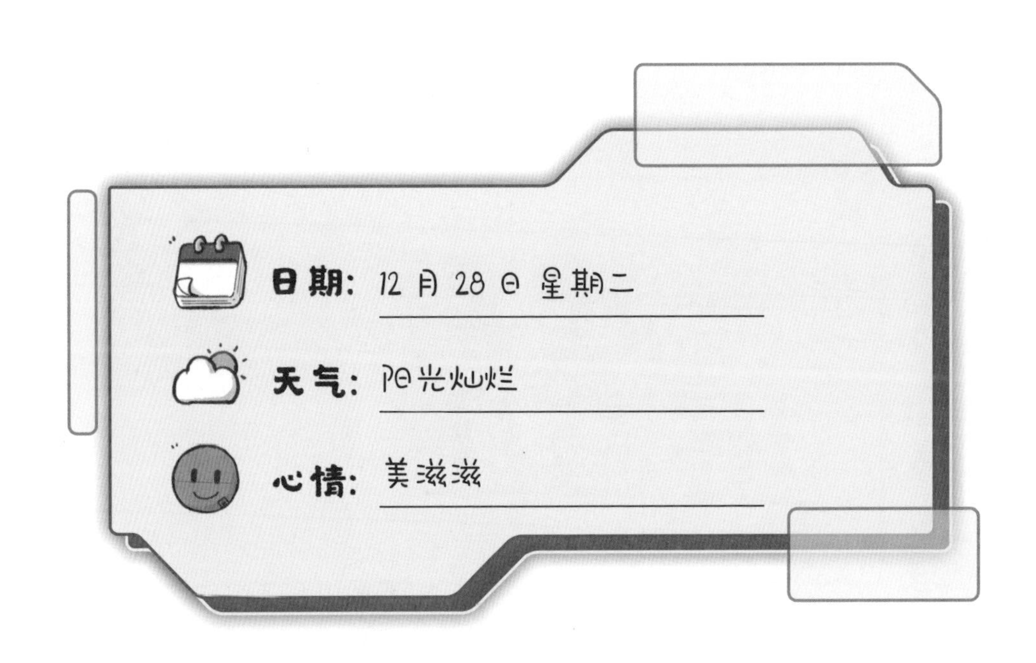

上周四，我一进班，就看见同学们全都围在陈默的座位旁。这可是个极为罕见的画面！要知道，陈默平时说一句完整的话都得靠内心戏翻译机，能从他嘴里蹦出来的词，不是“嗯”就是“啊”，好不

容易挤出一个句子，还常被人听不见，在班里别提多没存在感了。

可是那天，同学们居然以他为中心，里三层外三层，围得严严实实。我凑上去一看，原来是风靡全班的漫画《神龙传奇》上新了。

《神龙传奇》是学校门口漫画店里一本连载的漫画，这本书在我们班那可是红得不要不要的。你要是没看过《神龙传奇》，同学们聊天说的话，你都听不懂。所以为了能和大伙有共同语言，不管平时看不看漫画的同学，都在追《神龙传奇》。而陈默呢，是我们班鼎鼎大名的漫画达人，每次一出新漫画，他肯定会买来跟我们一起看。

钱滚滚边看边问：“这集里的仙师是谁呀？之前都没出现过！”

陈默小声地说：“出现过，在上上期，他是龙母隐藏的影子，明天我带来给你看。”

欧阳拓宇问：“那个胖胖的探员是坏蛋吗？为什么每次他都不在现场？”

陈默又说：“也不是每次都不在，在第十期里他就在现场，不过是不是坏蛋现在还不能判断。”

李小刺儿说：“我最喜欢龙宝和娅子，太喜欢娅子的装扮了。”

“明天我给你带第六期，一整本讲的都是娅子的故事。”陈默笑了笑。

“哇！陈默太好了！陈默万岁！”

“也给我带吧，我喜欢丁珑子，有讲她的吗？”杠上花问。

陈默不慌不忙地说：“我告诉你，在第四期第二十五页……”

我从来没见陈默这么自信过，也从没见过他在集体中这么受欢迎。就在这时，上课铃响了，蔚蓝蔚蓝的老师走进来，她清了清嗓子说：“来，咱们今天用‘火热’造句，钱滚滚，从你开始。”

钱滚滚站了起来，毫不犹豫地说：“《神龙传奇》在我们班引发了火热的讨论。”

蔚蓝蔚蓝的老师眉头一皱：“什么？神龙传奇是什么？下一个，李小慈，你用‘冰冷’造句。”

李小刺儿愣了一下：“冰冷？嗯……《神龙传奇》里的白色宇宙是一个冰冷的世界。”

“又是神龙传奇？袁萌萌，你来，用‘只有’造句。”

袁萌萌一板一眼地说：“这个世界上能与虎相配的，只有神龙！”

班主任的脸气得蔚蓝蔚蓝的。偏偏这个时候，钱滚滚藏在课本里的漫画书掉了出来，封面上赫然印着四个字——神龙传奇！

这下，蔚蓝蔚蓝的老师彻底生气了！竟然有人在她的课上看漫画！这可是她绝对不允许的。蔚蓝蔚蓝的老师宣布，从今天起，上学再也不许带漫画书了，也不许在学校讨论漫画！她还让班长监督大家！

就这样，《神龙传奇》从我们班消失了，不但看不到，连说都不行，真是憋死我们了。

上周五一到学校，我就发现陈默不对劲儿。他黯然失色、黯淡无光、按部就班地变回了那个沉默寡言、不和同学说笑的陈默。

我问他怎么了，他半天都没说话。直到最后，他才转过头对我说：“我好怀念全班在一起看《神龙传奇》的日子。因为漫画，好多同学第一次跟我说话，要不是《神龙传奇》，我什么时候能有机会和李小慈说话啊！”

我当时吃了一惊，李小刺儿和陈默可是同桌呀，怎么会没说过话？行吧，这事儿也只能发生在陈默身上了。不过想想也是，他们俩，一个张嘴就怼人，一个不被怼都说不出话，你说怎么聊？

“要不是《神龙传奇》，我都没机会和她开心地畅谈，没有《神龙传奇》就没有话题，我都不知道能跟她聊什么。”陈默沮丧地说。

看着陈默孤单的身影，看着他和李小刺儿的背影，再想起他被同学围得里三层外三层的自信模样。我当时也不知从哪儿来的一股劲，就下定决心—— 一定要为陈默发明一个重整旗鼓的神器！

想来想去，能让陈默重整旗鼓的东西，那必须得是漫画啊！可老师不让在学校看漫画，那就只能在家里看了。在家里看的话，同学们就没法聚在一块聊漫画了！不聊漫画，陈默的魅力就没法施展了！有什么东西能让我们虽然不在一块，又能一起看漫画、聊漫画呢？

我把最近在编程课上学到的东西通通在脑子里过了一遍。有了！我可以发明一个**漫画评论机**！把漫画扫描到电脑上，然后通过互联网，让同学们边看边在网上评论，这不就既不会挨老师骂，又能让同学们畅聊漫画了吗？

嘿嘿，我真是个学以致用的小天才！说干就干，周日一整天，我都在干这件事。当时，我打开电脑，键盘在指尖噼啪作响，我的心也在胸口怦怦直跳。这可是我第一次完全靠自己独立做出来的发明呀！我能不激动吗？

星期一的早上，一到学校，我就把这个消息告诉了大伙，跟大家约定晚上一起上线看《神龙传奇》！

晚上回到家，一吃完饭，我马上坐到电脑前，打开《神龙传奇》的电子版页面。等啊等，等啊等，第一条评论终于出来了。

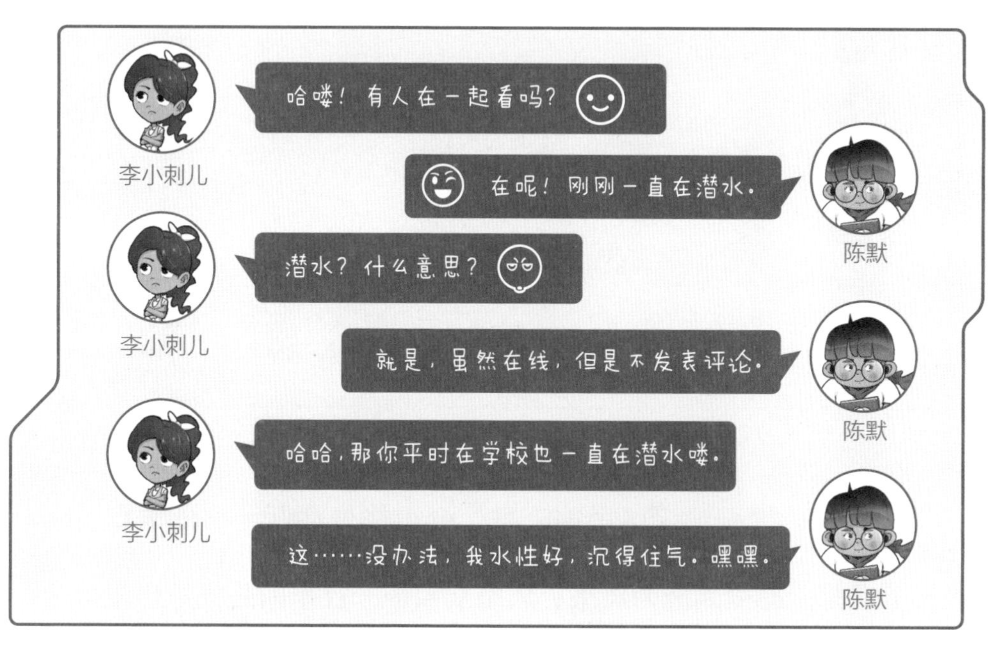

我突然发现，这俩同桌，隔了个屏幕，就变得这么有得说了。可真有意思。过了一会儿，其他人也陆续上线了。

你别说，漫画评论区里的陈默，变得格外活跃，格外幽默，隔着屏幕我都能感受到他的风采。大家都被他一连串的陈氏妙语逗得乐不可支，满屏幕都是“哈哈哈哈哈哈哈”！在一片哈哈声中，我看到李小刺儿发表了这么一条评论：

虽然受夸奖的是陈默，但我却比他还要高兴，因为是我的编程发明释放了他的幽默潜力。真开心呀！我的漫画评论机大获好评。

今天早晨，我刚走到教室门口，欧阳拓宇就冲出来，神秘兮兮地跟我说："皮仔，前方高能预警，请做好战斗准备！"

战斗准备？什么战斗准备？就在这时，上课铃响了，蔚蓝蔚蓝的老师走进来，清了清嗓子，说："来，先复习一下上节课的内容，还是用'火热'造句，钱滚滚，从你开始。"

钱滚滚一字一句地说："天上的星星你何必与火热的太阳比辉煌，

你自有你的璀璨！”

这不是《神龙传奇》里的台词！蔚蓝蔚蓝的老师吃了一惊：“不错，星星、太阳、辉煌、璀璨！下一个李小慈，你用‘冰冷’造句。”

李小刺儿站起来，脱口而出：“人们惧怕着冰冷的水，就如惧怕着冰冷的人。”

蔚蓝蔚蓝的老师眼睛又一亮：“冰冷的水、冰冷的人……妙啊！袁萌萌，你来用‘只有’造句。”

袁萌萌刷一下站了起来，说：“只有方法，才是世界上至高无上、不可战胜的唯一力量。”

老师满意地点头：“深刻！这些句子都是你们自己想的？”

没想到百里能一时嘴快：“报告老师，这些都是《神龙传奇》里的台词！”

“哦？看来这个《神龙传奇》有点意思！”老师竟然赞叹起来。

百里能小声提醒：“老师？”

蔚蓝蔚蓝的老师咳嗽了一声，说：“不对，我不是不让你们看漫画了吗？”

百里能立刻站起来：“报告老师，皮仔发明了一个漫画评论机，同学们放学后会在电脑上一起看漫画，还能一边看一边留言讨论。”

蔚蓝蔚蓝的老师眼睛一亮：“这么酷吗？”

百里能眉头微微一皱，严肃地说：“老师？您不是说不能讨论漫画吗？”

“虽然、但是、不过，那什么，你们刚才说那个充满金句的漫画叫什么来着？”

“《神龙传奇》！”

“记住啦，咱们继续今天的课程，让我们来用‘痴迷’造句！”

我们用“痴迷”造了几十个句子后，终于可以放学回家了。不过，晚上一件奇怪的事发生了。当我们打开电脑上的《神龙传奇》、开始一天愉快的讨论时，一个叫“兔兔侠”的人突然出现了：

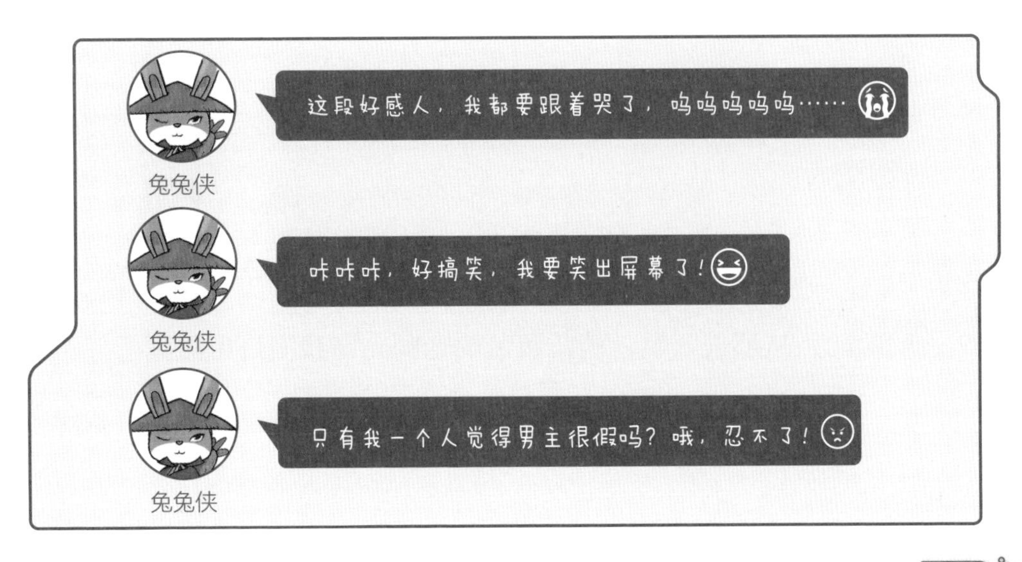

一时间，大家纷纷猜测，这个“兔兔侠”到底是谁？这么有性格！就在这时，兔兔侠突然说：

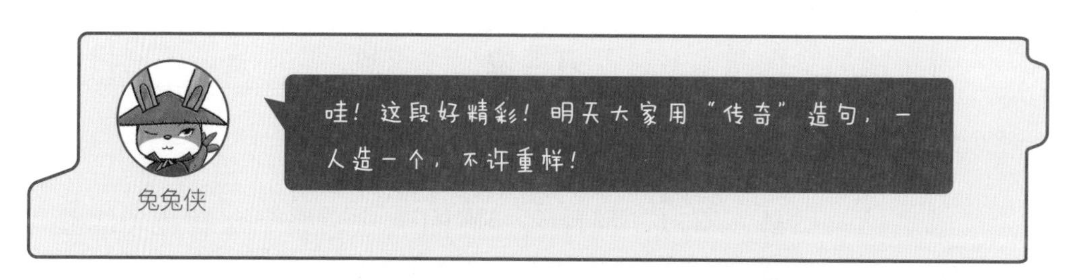

这！这熟悉的造句大法，不就是——蔚蓝蔚蓝的老师！我天，蔚蓝蔚蓝的老师也进来了！没想到她也喜欢看漫画呀！被我们拆穿后，她马上拿出资深漫画大师的架势，跟我们聊起来。

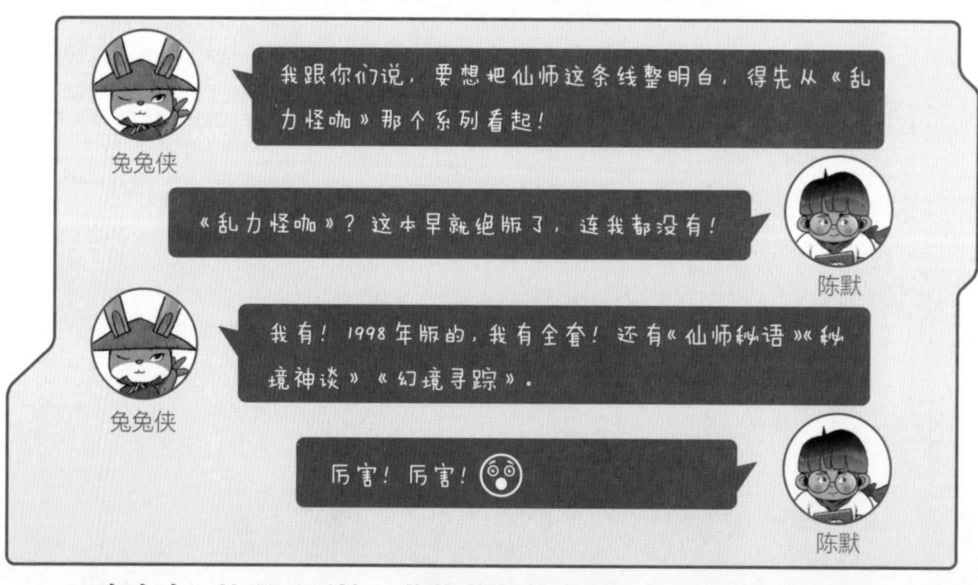

哈哈哈！从那天开始，蔚蓝蔚蓝的老师允许我们讨论漫画了。不过，她有一个条件，那就是看完后必须用台词造句，每人一句，不许重复！

超能发明大揭秘

成为编程发明家可真不错呀！好多同学都来找我帮忙。今天这个发明，还是为了我的好朋友陈默。我要做一台漫画评论机，让同学们在家也能一起讨论漫画，让我的好朋友陈默可以在线上跟同学们好好聊漫画。

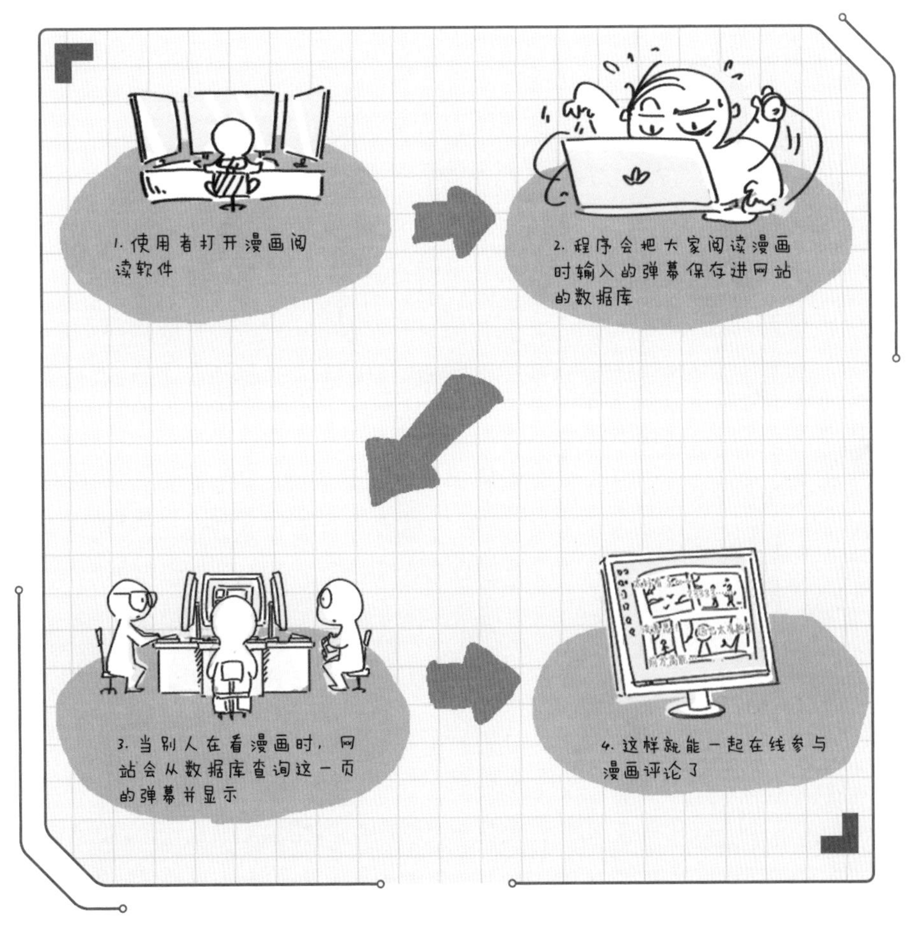

大家只要打开软件，选择想看的漫画，就可以边看漫画边和好朋友们讨论剧情！说不定还能“炸”出咱们周围隐藏的资深漫画爱好者呢！

应用程序

这次我发明的漫画评论机，其实是一款应用程序。应用程序是为了让计算机实现各种功能而开发出来的。手机和电脑就像一个巨大的工具箱，而我们使用的应用程序就是装在里面的工具。

我们可以用某个工具来完成一项特定的工作。所以我们每添加一个新的应用程序，就像在工具箱里添置一个新工具！

应用程序在生活中非常广泛，我们在做不同的事情时会用到不同的应用程序。

通过浏览器，可以查看网页，查询资料。

通过视频程序，可以看到各种各样的视频。

通过音乐程序，能听到各种各样的音乐。

使用聊天应用程序，可以随时随地与朋友们聊天。

使用地图应用程序，可以知道目前的位置，给我们路线指引。

给你们讲个好玩的冷知识。在编写代码的过程中，我们难免会出现一些错误导致程序功能不正常，这些错误我们常用英文单词“Bug”来表示。“Bug”的原意是指“臭虫”或“虫子”，现在为什么会用来表示错误或缺陷呢？这还得从一只小飞蛾说起。

第一代计算机是由许多会发光的真空管组成，在计算机运行时会产生大量的光和热。有一次，一只小虫子“Bug”钻进了真空管内，导致整个计算机无法正常工作。研究人员费了半天时间，才发现原因所在，把这只小虫子从真空管中取出后，计算机又恢复了正常。后来“Bug”一词就用来表示电脑系统或程序中隐藏的错误、缺陷、漏洞等。

捣蛋鬼有大愿望

05

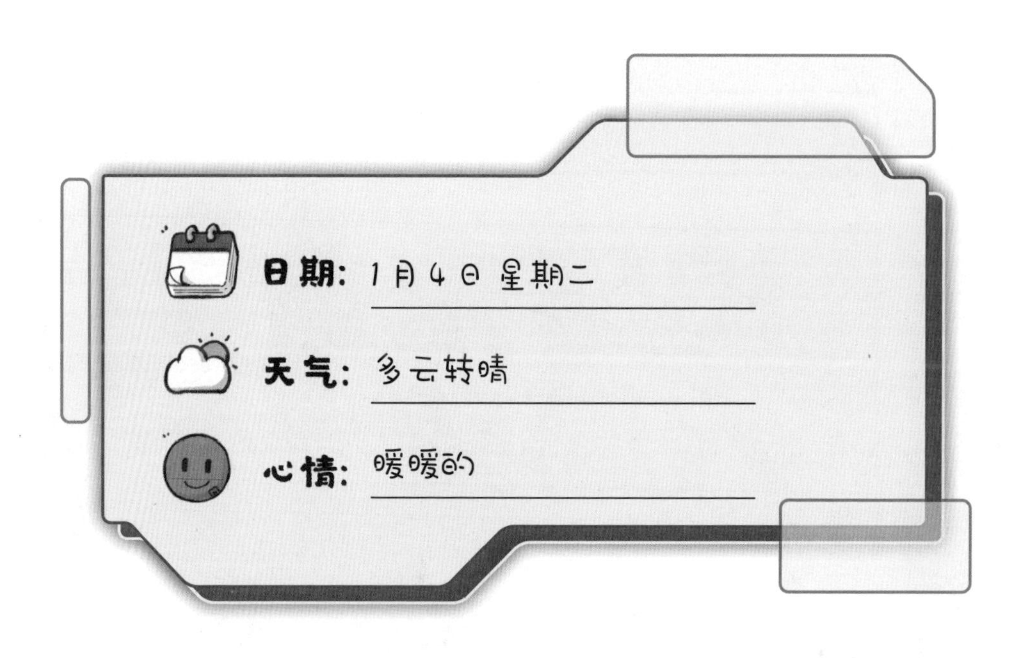

上周四，我一进班，就觉得整个班里的气氛怪怪的。同学们都用一种十分同情的眼神看我，好像在说“你完蛋了”。我把书包往位子上一放，欧阳拓宇就伸过头来，说：“皮仔！你闯大祸了！”

我？闯大祸？我把最近干过的事儿迅速地在脑子里过了一遍，没——闯什么祸呀！

欧阳拓宇在我耳边悄悄说：“告诉你！咱们学校门口的漫画店你知道吧？那个老板跟陈默说，他要告你侵权！”

侵权？这是啥意思？

欧阳拓宇解释道：“就是侵犯他卖的漫画书的版权。你不是把从他那儿买的漫画书扫描放到网上让大家一起看吗？他说你这是盗版行为！跟盗窃一个性质！犯法的！”

我心里嘀咕，有、有、有……有这么严重吗？

欧阳拓宇继续说：“你想，如果大家都去网上看你扫描的漫画，谁还去书店买书呀？没人去买书，老板的生意就没了！你说严重不？”

我一听，也跟着紧张起来，还有点愧疚。我正不知道该怎么办呢，欧阳拓宇又说，他和陈默给我想了个弥补的办法，让我用编程帮漫画店老板发明个**漫画店评价机**，让他的店火遍全校。

我有些疑惑，漫画店评价机？这是什么东西？老板的需求是啥？

“大概就是一个能帮人选书的机器，”欧阳拓宇说，“能让人通过机器一看，就知道这本书讲的是什么，最大的特点是什么。”

我仔细一想，那不就是书评或者广告嘛！

“也对也不对。”欧阳拓宇解释道，“比书评字儿再少点，比广告再真实可信一点。”

这回我明白了，那不就是测评报告嘛！

“比测评报告再好玩一点。”

“好玩？那就是词云呗。”袁萌萌突然说。

“词云？那是什么？”大家异口同声地问。

我们一头雾水，袁萌萌从书包里翻出一块儿手绢，上面印着好多字，但每个字的大小和颜色都不一样，中间有一个特别大的词是九朝古都。

袁萌萌得意地说：“看！这手绢是我爸去洛阳出差时给我带的礼物。中间的这些字就叫词云。它把洛阳的评价按照关键字的方式排列，最公认的评价，字号最大，颜色也最鲜艳。然后按照评价的公认性递减，字号越来越小。所以九朝古都是洛阳最大的特点。它的字号最大，在最中间，其他的，比如龙门石窟什么的，因为只是景点，所以字号就小一点。”

顺着袁萌萌的说法，大家都开始发挥起来。我想到的是北京，那中间最大的字就得是首都。欧阳拓宇想到的是上海，那中间最大的就是沪！我又想到了广州，中间就是——早茶？

欧阳拓宇马上反驳我：“不对不对，中间最大的得是肠粉！”

“什么呀！是糯米鸡！”陈默说。

我们三个争论不休。袁萌萌赶快叫“停”，说我们又又又跑题了。

那个……我们刚才讨论啥来着？VIP？漫画随便看！漫画店评价机！哦，我想起来了——词云！我们讨论的是词云！

袁萌萌朝我们翻了个白眼："真拿你们这些男生没办法，我的意思是，用词云的办法，可以收集读者对漫画的评价，咱们帮漫画店老板做个词云机，让他把大家的评价输入进去，就能自动生成词云了，之后的读者看到词云，就能轻松获得推荐，这不正是漫画店老板想要的吗？"

对呀！袁萌萌说得太对了。真不愧是见多识广的编程发明家！

那天下午放学后，我们凑在一起，把漫画词云机做了出来。大家都很兴奋，决定要赶快试一试。

我提议先拿广州试试，看它的关键词到底是不是早茶。第二天，我请全班同学都来试玩，让大家把对广州的印象输入进去，你猜怎么着？词云生成之后，关键词竟然是——奶黄包！

就这样，我们生成了第一张词云。

因为周六是元旦，周五下午我们放假半天。为了弥补漫画店老板的损失，我和袁萌萌、马达带着真挚的歉意和漫画词云机，来到漫画店。漫画店老板是一个梳着长头发，戴黑边眼镜的叔叔。只见他正在桌子前写写画画，看到我们，他冷冷一笑："我的机器做好了吗？"

我点点头，说："做好了做好了，叫漫画词云机。"

说着，我们开始给老板演示。先把我们对这间漫画店的感受写下来，各自输入进去，不一会儿，词云生成啦。

最大的词是"老板人好"。原来大家都写了这句。旁边的关键词还有"座位舒服""又新又全""有冷饮"。

老板看了非常满意，说："真是个伟大的发明！能评价人吗？"

"能啊！当然能！就比如评价您吧，我们只要把对您的评价输入进去，就能生成一张您的词云。"袁萌萌得意地说。

说着，大家动手写了起来。不一会儿，老板的词云生成了，最大的词是——爱哭！

没错！漫画店老板是个感情丰富的人，看到漫画里感人的情节，他就会不管店里有没有人，自己呜呜呜地哭起来，我就看到过三次！

漫画店老板惊叫起来："啊啊啊，这么丢人的事居然你们全遇

到过！”

欧阳拓宇不厚道地哈哈大笑。我们都觉得这个人生词云好好玩啊！欧阳拓宇也想要一个属于他的词云！

袁萌萌胸有成竹地说：“没问题！来，我们输入吧！”

我们开始输入关于欧阳拓宇的关键词，什么词能概括他呢？我想来想去，觉得最合适的词是“江南四大才子之首”。结果，词云生成，上面的关键词还有“口才好”“有文采”。不过，不知道谁写了一个“话多”。

欧阳拓宇立马发现了这个词，大声问是谁写的。

漫画店老板小声说：“那个，话多跟口才好，其实，我认为，都是一个意思。”

大家又是一阵大笑。这时候，袁萌萌看到了一个特别的词：“‘江南四大才子之首’？哪四大才子啊？”

我忙说：“这你都不知道？果然是插班生，江南四大才子当然是欧阳、陈默、钱滚滚和我啦！”

袁萌萌不屑地说：“你？四大才子？哈哈哈哈！”

哼！笑什么，我得让她看看我的厉害。于是，我提议生成一张我的人生词云。

大家纷纷输入对我的评价。我心想，通过这几次的发明，我最大的关键

词肯定是编程发明家呀！结果万万没想到，我堂堂皮仔的人生词云上，最大的关键词竟然是——捣蛋！

这让人怎么接受？我的心情别提多低落了。

那天回来，我一直闷闷不乐，连元旦都没有过好。我低气压般的坏心情一直持续到今天上学。

早上我到学校的时候，同桌袁萌萌已经到了。她大概看出了我的郁闷，悄悄递给我一样东西。我拿过来一看，竟然是块手绢。

我打开一看，手绢上还是洛阳的词云，不过最大的关键词却变成了“如诗如画”。

“怎么关键词不一样了？”

“这个呀，词云本来就和输入的评价有关。手绢是我爸元旦前去洛阳出差新给我买的。你看，根据市民最新的评价更新的词云当然和原来的不一样啦。其实人也一样，每天干的事不一样，给人留下的印象就不一样。时间一长，人们对他的评价也会改变！”

听完袁萌萌的话，我突然有那么点，嗯……小感动。没想到，袁萌萌看着大大咧咧的，安慰起人来还挺走心。

袁萌萌看了看我，继续说：“其实捣蛋鬼也可以有大愿望呀，比如当个编程发明家什么的。只要不停地编程发明，给大家带来惊喜，帮助身边的人解决问题，大家自然会改变对你的印象！”

“那个……谁说我在乎捣蛋鬼了，谁又要当编程发明家了！你真多事！”我脸一红，跑出了教室。

午饭后，我到校门口的漫画店闲逛。一进门，就听见漫画店老板又在那里哭了，这肯定是又在看感人的漫画了，我凑上去，问：“哪本漫画这么好哭？”

没想到我凑近一看，老板手里拿的竟然是那本《神龙传奇》的词云，上面最大的关键词是“烂尾”。周围其他的词分别是：瞎编乱造、没有生活、越画越差，还有一个词居然是浪费时间！这也太恶毒了吧！

不过，就算这本漫画的评价差，不卖它就行了，有什么好哭的？

该哭的是那个漫画家吧！

我把心中的疑惑问了出来，没想到，漫画店老板吸着鼻涕说：“我，我就是那个漫画家。”

啊！没想到风靡全校的《神龙传奇》竟出自漫画店老板之手！我们奇妙小学周围可真是藏龙卧虎啊！

我忙问：“您会画漫画？您是个漫画家？”

“什么漫画家呀？你没看那上面写的吗？瞎编乱造！浪费时间！”漫画店老板哭丧着脸说。

“哎呀，不是的！这个词云是实时变化的，根据内容更新的不同，评价就会不同。你这漫画不是连载的吗？你后面好好编，好好画，真实一点，生成的评价就会不一样了！”

漫画店老板疑惑地看着我说：“你是说……这个词云能改？”

“倒也不是说能改，而是随着你的漫画质量变化，大家的评价就会变化，大家的评价一变化，生成的词云就变了。比如我吧，上次大家给我生成的人生词云，最大的关键词是捣蛋。可只要我运用编程知识，不停发明创造，帮大家解决问题。总有一天，我的词云，最大的关键词会变成编程发明家的！”我坚定地说。

“真的吗？”漫画店老板有些不相信。

我拍着胸脯说：“当然是真的！不信咱俩比赛，看咱俩谁的词云先改变？”

漫画店老板点点头：“这个听起来还比较有趣！”

“嗯！就这么说定了，我们就是**词云双煞联盟**！”说完，我眼神坚定且潇洒帅气地走出漫画店。

真奇怪，我是什么时候被袁萌萌说服的？我什么时候决定要把关键词变成编程发明家的？我能做到吗？

这么想着，我走回班里，欧阳拓宇一看见我就说：“快看，广州的新词云，最大的关键词真的是早茶！”

我疑惑地说：“前两天不还是奶黄包吗？”

“这两天电视上放了纪录片《舌尖上的中国》，刚好播到广州，讲了早茶，于是今天再一输入，早茶就成了广州最大的关键词了。”

这可变得真快呀！我的人生词云也能像广州的早茶一样，变得这么快吗？我要做多少个编程发明才能成为一个编程发明家呢？我要做多少好事才能让大家忘记我的捣蛋呢？什么时候我才能真正成为我想成为的人呢？

今天是 1 月 4 日，我成了“词云双煞联盟”之一，希望我能和漫画店老板一起，更新我们的词云，梦想成真吧。

晚安，皮仔。

这回多亏了袁萌萌，在她的启发下，我想到如何平息漫画店老板的愤怒了。我打算做一台词云机。让同学们可以快捷地了解漫画书的内容、评价，不仅方便大家精准借阅，还有利于漫画在同学之间的传播，让漫画店的生意越来越好。

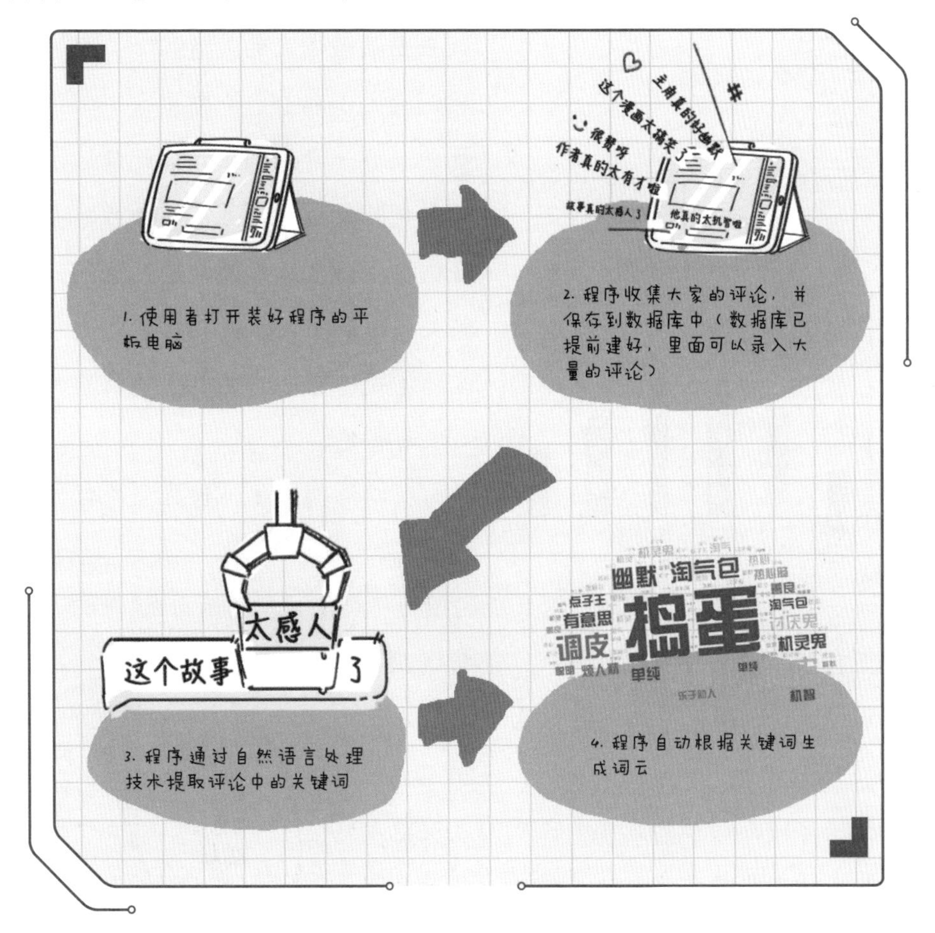

大家只要打开这个软件，就可以选择自己想要评论的人、漫画书或者话题，而大家的评论会自动生成词云，出现次数越多的词就会越明显！

数据可视化

这次的词云机能顺利做出来，最最关键的是袁萌萌给我们展示了词云的神奇。

黄金糕 云吞面 皮蛋瘦肉粥 烧麦 虾饺 及第粥 拉肠 糯米鸡 干蒸 萝卜糕 叉烧包 水晶饺

词云

词云就是由一个个不同颜色、不同大小的词语组成的图片，我们既可以看到词云上展示出来的大量信息，也能根据不同词的大小和颜色判断出每个单词的重要性。只要一看到词云，你就能很快地知道哪个词语是最重要的，因为最重要的词会出现在最引人注目的位置。在词云中，出现次数越多的词，显示的字体越大，通过这种方式，它可以突出关键信息，而且形式生动有趣。

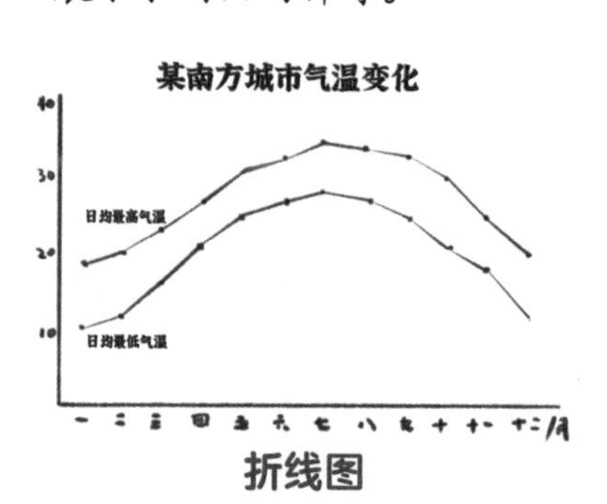

折线图

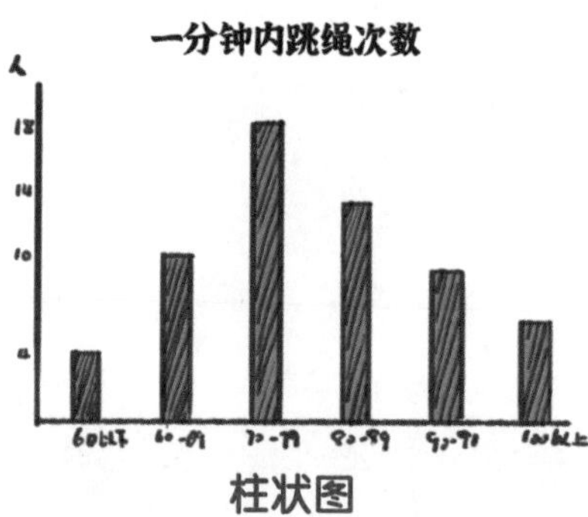

柱状图

可以说词云是一种典型的数据可视化的方式。

数据可视化，指的是用直观的图形将数据信息展示出来，除了词云外，还有很多数据可视化的方式，像折线图、柱状图、饼状图等，都是最常见的。

正所谓“一图胜千言”，数据可视化用数据与图画结合的方式，让我们直观地看到数据的变化趋势、占比等信息，帮助我们更快地理解和处理那些复杂的数据。

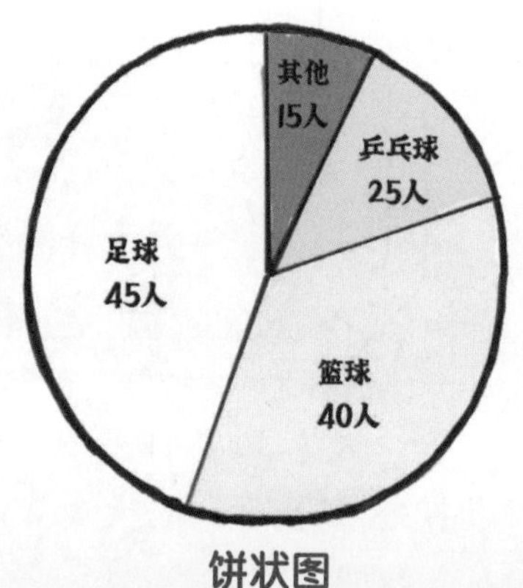

饼状图

周记偷看事件

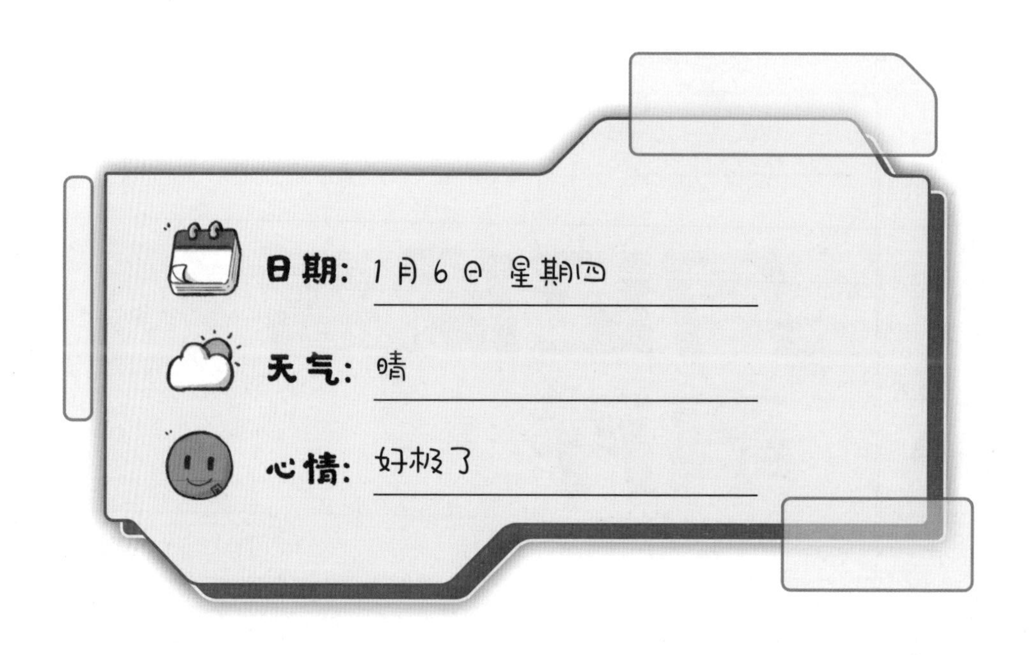

周二那天，我的同桌袁萌萌，从午休到放学，整整大半天没跟我说话！这都怪欧阳拓宇和杠上花。

午休的时候，我本来想给同学们讲个奇异故事。这可是我昨天刚看到的奇异故事，特别精彩。没想到，正讲到关键时刻，杠上花突然从欧阳拓宇背后探出头来，大叫一声：“欧、阳、拓、哉！”

这一叫可吓到袁萌萌、李小刺儿、陈默和欧阳拓宇了。他们都大喊大叫起来。

你、你居然叫我
“多、肉、小、丸、子”！

欧阳拓宇惊魂未定，大声说：“杠上花！你干什么呀？”

杠上花捧着学校发的平板电脑，气呼呼地瞪着欧阳拓宇：“你、你居然叫我‘多、肉、小、丸、子’！”

欧阳拓宇听了，一脸蒙：“什么时候？我自己怎么都不知道。”

“就在你上周的周记里！你还说我块头大，做课间操的时候把李小刺儿和袁萌萌都挡住了！”

杠上花说着，把她的平板电脑给我们看，屏幕上显示的正是欧阳拓宇上周的周记。

自从上了三年级，学校就要求我们每周写一篇周记。周记的内容，主要是你对学校生活和班级建设的意见或建议。一开始，我们班的周记都是用手写在作文本上交给老师的，后来学校发了平板电脑，我们又上了编程课，编程老师就建议我们把周记改成协同编辑的电子文档，在家直接用电脑就可以上传和阅读，方便又环保。

欧阳拓宇拿起杠上花的平板电脑一看，不禁吐了吐舌头："还真是。但我这篇周记的重点是健康生活，只是顺口提了你一句！"

杠上花噘着嘴说："我不管，你说我是'多肉小丸子'就是不对。"

"哎呀，我那就是随口一说，谁还没给别人起过外号呀。"

杠上花瞪着眼睛，说："我就没有！"

"我不信！"

欧阳拓宇和杠上花吵了起来。只见他点开平板电脑，跟侦探查案似的，翻起了杠上花的周记。

"哈哈！还说没有？在这儿呢，你说钱滚滚是'地主家的傻儿子'！"欧阳拓宇指给大家看，"你还说李小刺儿生起气来像河豚！"

钱滚滚和李小刺儿一听就不高兴了。他俩可不承认自己傻，也不觉得自己像河豚！

"你看你看，"欧阳拓宇大声说，"你还叫陈默葫芦娃！"

欧阳拓宇说完，同学们都坐不住了，纷纷拿出平板电脑，看起别人的周记。这一看，教室里顿时炸开了锅。

"欧、阳！你竟然说我好吃懒做不学无术全靠有个好爸爸！"钱滚滚生气地说。

我也不高兴了：“钱、滚、滚！你怎么能在周记里提我课上传字条的事儿！”

袁萌萌大喊：“什么，皮仔！你跟老师说我是魔女？”

“袁萌萌，你最好的朋友竟然不是我！”李小刺儿看起来又伤心又愤怒。

百里能一脸不可思议地说：“马达，你觉得我的编程作业不如袁萌萌？”

陈默有些受伤地说：“班长，原来你觉得看漫画是一件很没品位的事……”

“陈默！你觉得我嘴贫又话多？”欧阳拓宇皱着眉。

本来好好的一个午休，大家全都不高兴了，那火药味儿呛得，还不如听我讲奇异故事呢。

关键时刻，还是班长百里能挺身而出：“别吵啦，写周记本来是为了加强班级建设，促进班级团结的，怎么反而引起大家的争执了？”

“都是杠上花找碴儿！班长，你去跟老师说，以后别再让我们写周记了，万一再被偷看，又找我碴儿，我可受不了。”欧阳拓宇不满地说。

“谁偷看了！周记本来就是公开的！谁都能看！你不也看我的了？”

“那干脆以后就不要公开了！只能自己和老师看！”欧阳拓宇提议。

钱滚滚却说：“那教导主任呢？他得通过周记了解班级情况。”

“那就只能自己、老师和教导主任看！”欧阳拓宇说。

杠上花点点头：“严重同意！周记保密，只能自己、老师和教导主任看！不然我就不写了！”

“对，我也不写了！”欧阳拓宇和钱滚滚一起说。

百里能瞬间急了，监督我们写周记、交周记，可是他作为班长的职责之一。他连忙说：“那不行，周记还得坚持写，学校还得通过这个考察咱们班情况。”

“可现在这个样子，谁能放心自己的周记不会被别人看呢？”陈默小声说。

百里能想了想："这样吧，我来想办法，解决周记的保密问题。不过，你们也要跟我保证，这周的周记要照常写、照常交。"

大家一起点点头。可我也不知道百里能会想出什么保密的办法。不过在这之前，反正我是不会再写周记了。就因为我在几百万年前的一篇周记里叫了袁萌萌一句"魔女"，她整整大半天不跟我说话！

周三早上，我刚到班级，就听百里能说："我已经用**人脸识别技术**给大家的周记都加了密。以后，大家的周记就只有你自己和教导主任的脸才能扫开阅读。"

大家都很感兴趣，钱滚滚问："班长，人脸识别？那是啥？"

"你试试就知道了，来，把脸伸过来！"百里能说。

钱滚滚扬起脸，伸向百里能。百里能掏出平板电脑，找到一篇自己上传的周记，然后把平板电脑的摄像头对准钱滚滚的脸："嘀，

解锁失败。”

“真的打不开了！”钱滚滚兴奋地说。

“那是当然。”百里能又把摄像头对准其他人的脸，轮流试了一番，结果全都打不开。

“太好了，这下再也没人找我的碴儿了！”欧阳拓宇开心地说。

大家的好奇心都被这个新发明调动了起来，纷纷用自己的脸对着电脑测试。李小刺儿也加入进来，只见她把自己的脸往电脑上一刷：“成功解锁！”什么？周记竟然被打开了。

杠上花惊讶地说：“李小慈怎么打开了我的周记！”

“不可能！”百里能马上说。

李小刺儿又把头往我这边一伸，真奇怪，我的周记也被她打开了！李小刺儿发现自己的脸能打开许多同学的周记，突然兴奋起来，觉得自己有超能力！

“快让我试试，看我还能打开谁的？”紧接着，教室里就接连传来解锁成功的声音。李小刺儿就像通关一样，连闯了全班的周记，

最后居然一个不剩，把全班的周记全给刷开了！

李小刺儿开心地说：“天呀！我的脸真是太厉害啦！让我看看，这是什么？李小慈在英语课上吃干脆面？这是谁的周记？谁在告我的状？钱滚滚为了逃避值日对智能扫把搞破坏？哈哈哈,这是谁写的？”

“百里能！这是什么作业加密机？一点儿也不灵呀！”钱滚滚说。

杠上花也说：“就是！李小刺儿的脸为什么能打开呀？”

百里能一时也不知道原因。袁萌萌突然说：“百里能，你这个人脸识别是用的谁的特征？”

“当然是每个同学和教导主任的呀！”

我一下就明白了，教导主任是李小刺儿的爸爸呀！如果数据不够细致，电脑很可能把李小刺儿当成她爸了。

我把自己的想法说了出来，同学们一听，都去看李小刺儿，还别说，李小刺儿和教导主任长得还真像！

前天，我们班的周记因为李小刺儿的撞脸事件，再次没有写。

袁萌萌看见我来了，忙叫我：“皮仔，我想了一晚上。想到一个好主意。这主意比人脸识别更酷，保证能解决大家的问题！”

我一下子来了兴趣，放下书包，准备听袁萌萌好好说说。

“皮仔，你想，比打不开更酷的方法当然是打开了，但是看到的不是真的，是假周记！”袁萌萌把她的想法一说出来，我却更困惑了，这是什么操作？

看见我一脸问号，袁萌萌接着说：“本来别人的周记就不该偷看，既然偷看，就要惩罚他一下。懂了吗？”

这么一说我可就懂了，那必须是吓人的内容才行呀！这个我最在行了。“我觉得吧……当有人偷偷打开别人的周记时，本来想看看有什么秘密，结果，是一堆奇异故事，让他不知道的情况下，越看越害怕，越看越恐怖！看他以后还敢偷看不！”

“哈哈哈！这个主意不错，就放奇异故事！”袁萌萌开心地说。

我太喜欢这个发明了！真酷！比人脸识别作业本还酷！我和袁萌萌达成共识，一起开发这个加密作业机！说干就干，她负责写代码，我负责写奇异故事！

今天，一到班上，我和袁萌萌就宣布了我们的加密作业本计划。

大家都以为我们做的是人脸识别的进阶，以为我们只不过是把人脸识别的特征细化了，让李小刺儿就算粘上胡子也打不开。不过，等他们拿起电脑，亲自试验的时候才发现，我们这个可有意思多了！

钱滚滚第一个打开的，他说：“这是什么加密周记本，一扫我的脸就打开了，你看，我什么都能看见——在一个黑暗的村庄，有一只可怕的影子，一到晚上就发出恐怖的声音——这，这是什么呀？”

我和袁萌萌彼此使了个眼色，袁萌萌说：“谁偷看谁就知道是什么！”说完，我俩谁都不说话了。

这天下午的自习课上，我俩听到此起彼伏的“哇”“啊”“吓死我了”“好可怕呀”。我们知道，这些人一定忍不住，都在偷看。

不过，经过那天之后，周记偷看事件似乎平息了，再也没有人举报自己的周记被偷看了。只有一件事比较特别。那就是，从那天开始，只要我在班里讲奇异故事，杠上花都知道我下面要讲啥，比如，我一说“在一个黑暗幽深的森林里”，她就接“有一口可怕的深井，里面会钻出一只老鼠”；我一说“在一个充满哭声的地方”，她就接“有一个浑身湿漉漉的怪兽”……

哎呀，杠上花怎么什么都知道？

超能发明大揭秘

今天，我们班同学因为担心自己的周记被别人看到而争吵，大家开始不愿意写周记了。身为班长，我有责任避免类似的问题发生！我想发明一个加密周记本，保护同学们的周记隐私！

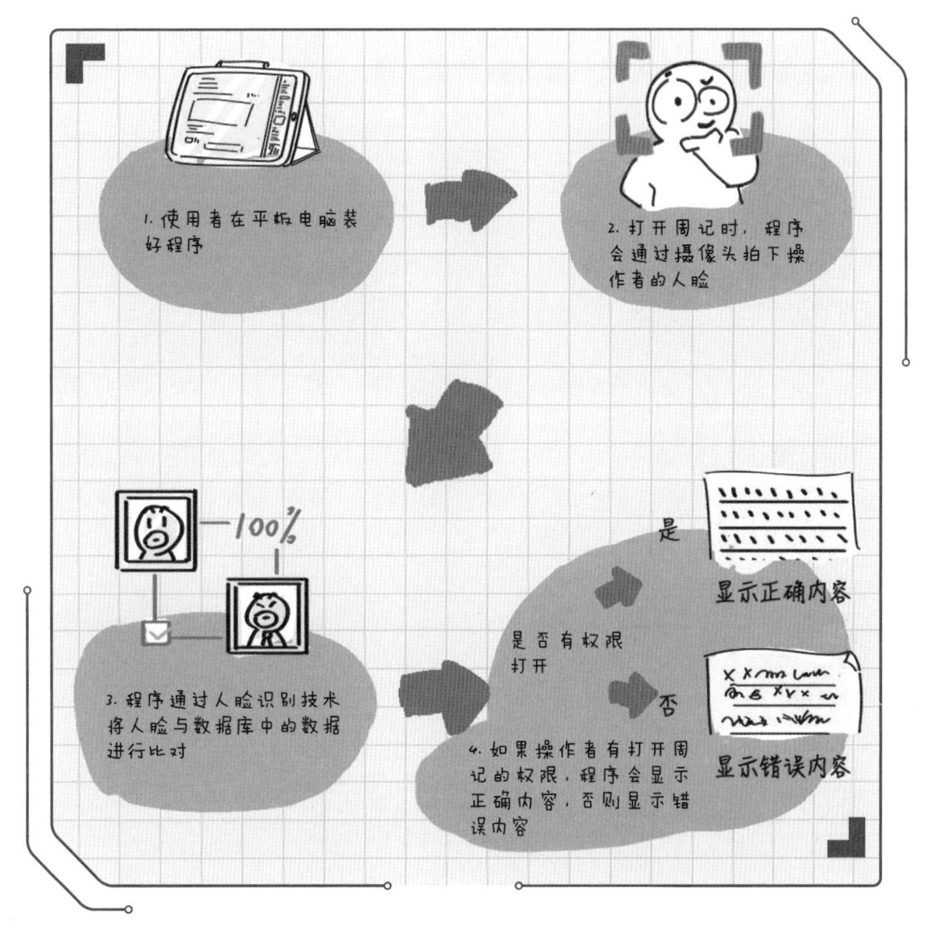

只要在平板电脑上装上软件，每次想打开你的周记，程序就会通过人脸识别来辨认其是否有权限，如果有权限，周记就可以打开；如果没有权限，平板电脑就不会显示任何内容！

密码

在网络世界中，密码是一个用于身份验证的工具，它就像一把钥匙，可以保护我们在网络世界中的隐私。这次我发明的加密周记本，用的就是我们的脸作为密码，通过人脸识别才可以登录账号，就像使用正确的钥匙开锁之后才可以打开宝箱。

其实，我们身上长满了“活密码”，脸、指纹、声音、眼睛等，都是人和人之间相互区分的独一无二的标识，除了人脸识别之外，我们还可以用很多技术，完成对我们身份的识别。

指纹识别

通过指纹识别技术，用指纹识别传感器采集指纹，让程序对指纹进行分析识别，就能完成身份的验证。

声纹识别

通过声纹识别技术，让麦克风收集我们的声音，让程序对声音进行分析识别，就能完成身份的验证。

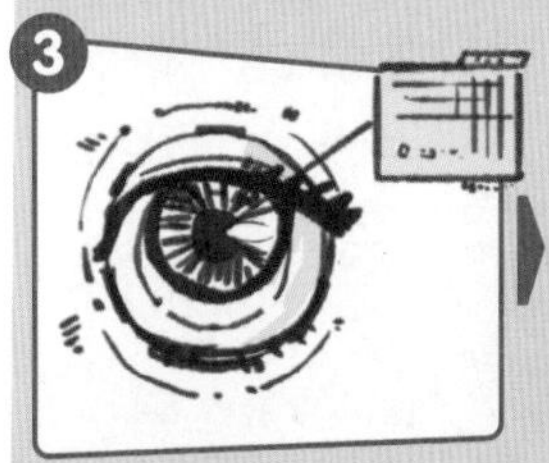

虹膜识别

通过瞳孔识别技术，把眼睛靠近虹膜识别仪，让程序对虹膜进行分析识别，就能完成对身份的验证。

除了上面的几种形式外，我们走路的姿态、心跳的频率，都可以作为密码，用来识别验证我们的身份，是不是很神奇！你还见过哪些密码形式？

抓住幕后
黑手
07

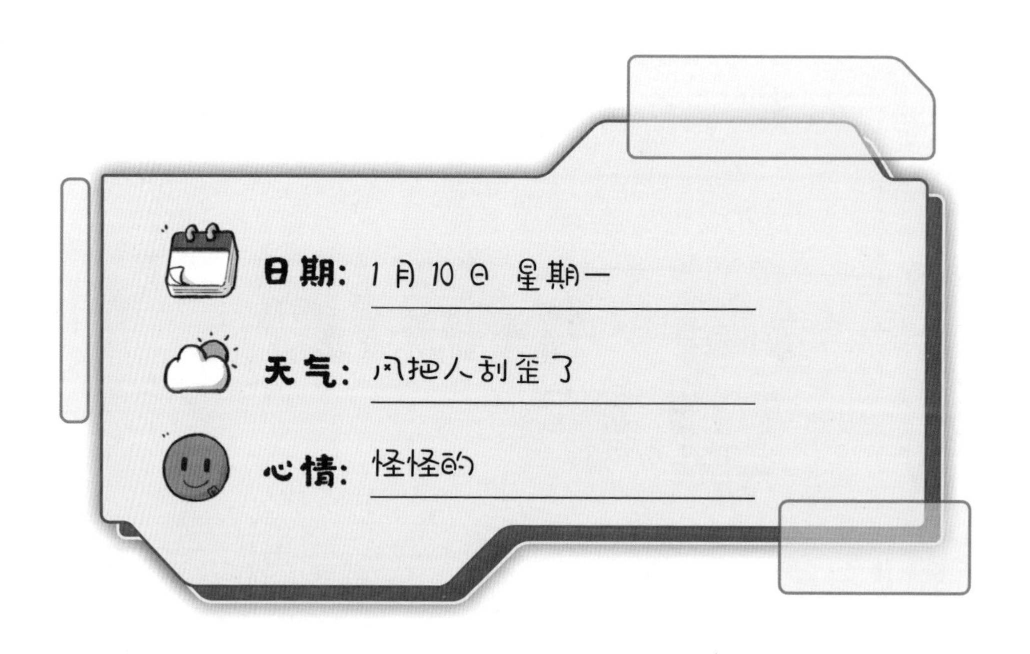

上周四，我正在班里跟袁萌萌讲奇异故事，眼看她就要被我吓到了，突然有人大叫一声，可把我吓了一大跳！

回头一看，原来是李小刺儿。只见她杏眼圆睁，气冲冲地对杠上花说："干什么你！没看到我正在吃三明治吗？"

杠上花没好气地说："你吃不吃三明治关我什么事？"

"你这个人！把我的三明治撞地上了，还理直气壮的！"

"胡说！我什么时候碰你的三明治了？你没看见我跟马达正比

赛吗？”杠上花一指马达，原来他俩正在比赛看谁踢的毽子多。

李小刺儿根本不听，一口咬定是杠上花撞掉了她的三明治，让杠上花赔给她。杠上花当然不干了，大喊冤枉。

李小刺儿生气地喊来班长百里能。百里能有点无奈，他站在两人中间，不停地劝着，可根本劝不了。百里能无语了：“哎呀，你们女生也太麻烦了，还是让老师处理吧！”

他立刻去了老师的办公室。可你猜怎么着？这一次，蔚蓝蔚蓝的老师竟然对百里能说：“百里能，你们都是三年级的大孩子啦！不能什么事情都来找老师，有些冲突需要自己用智慧解决！动脑筋想一想，有没有同学间自己能解决的办法？”

百里能听完后，心想用什么办法呢？幸亏这时上课铃响了，不然真不知道李小刺儿和杠上花的冲突要怎么解决。

这节是自习课，同学们都在写作业，只有百里能望着窗外，眉头紧锁，若有所思。我知

道他还在想着刚才的事，就关心一下他吧！

“百里能，你没事儿吧？”

百里能没理我，自言自语着：“不行，我一定要发明个什么来解决李小刺儿和杠上花的问题。”

“百里能。”我又叫了他一声。

百里能呆呆地转过头来，说：“皮仔，老师说要用同学间自己能解决的办法，你说这是什么办法呢？”

“自己解决？怎么解决？”我也疑惑了，“那不就变成公说公有理，婆说婆有理了吗？”

“公说公有理？”百里能眼前一亮，“对呀！那不就是公开评理吗？我要给大家搞一次公开的评理！”

“公开的评理？那还不得打起来？你想，把李小刺儿和杠上花放一起公开评理，咱们能控制得住那场面吗？”

“也是，怎么样才能不打起来，还能公开评理呢？”

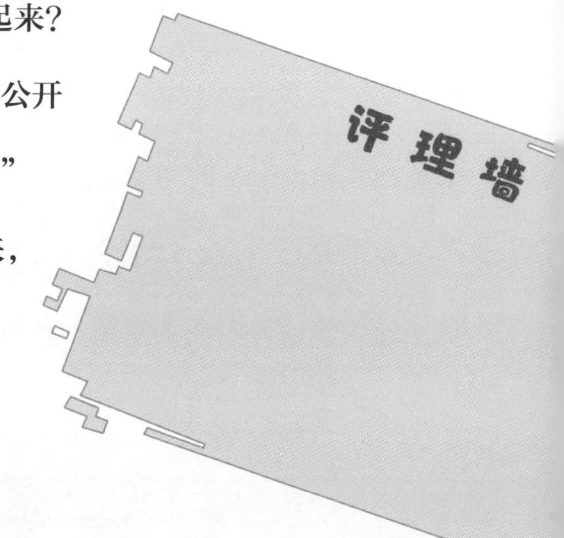

“闭嘴不就得了！”

“闭嘴？对呀！我可以发明一个让大家用文字评理的东西，大家把自己的意见写下来讨论，不就不吵了吗？”

“写下来？像漫画评论机那样？那也是个办法。不过，你看咱班同学的火气能压到回家吗？”

“也是！嗯……有了，我可以发明一个**评理墙**，把大家的辩论都投影到教室的墙上。这样大家一抬头就能看到，还不用张嘴吵架！”

我一听，这主意好呀！以后要是受了什么委屈，我就把心里话投到墙上，让大伙儿给评评理！再有谁干了坏事说是我干的，我绝不背锅！我正想着，百里能突然激动地拍了我一下：“皮仔！怎么样，加入我吧！跟我一起做评理墙，咱们迅速把它做出来。”

“我？我能干什么呀？”

“别谦虚，你可是咱班第三个编程发明家！来帮我写代码吧！”

让百里能这么一说，我心里美滋滋的。会编程真好！连班长都请求我帮忙！嗯，我要在编程发明的路上坚定地走下去！早日实现和漫画店老板的约定！对了，等发明完这个，去看看我的词云改变没有！

周五的时候，我和百里能合作的评理墙投入使用。我刚一进班，就发现评理墙已经被评论刷爆了。

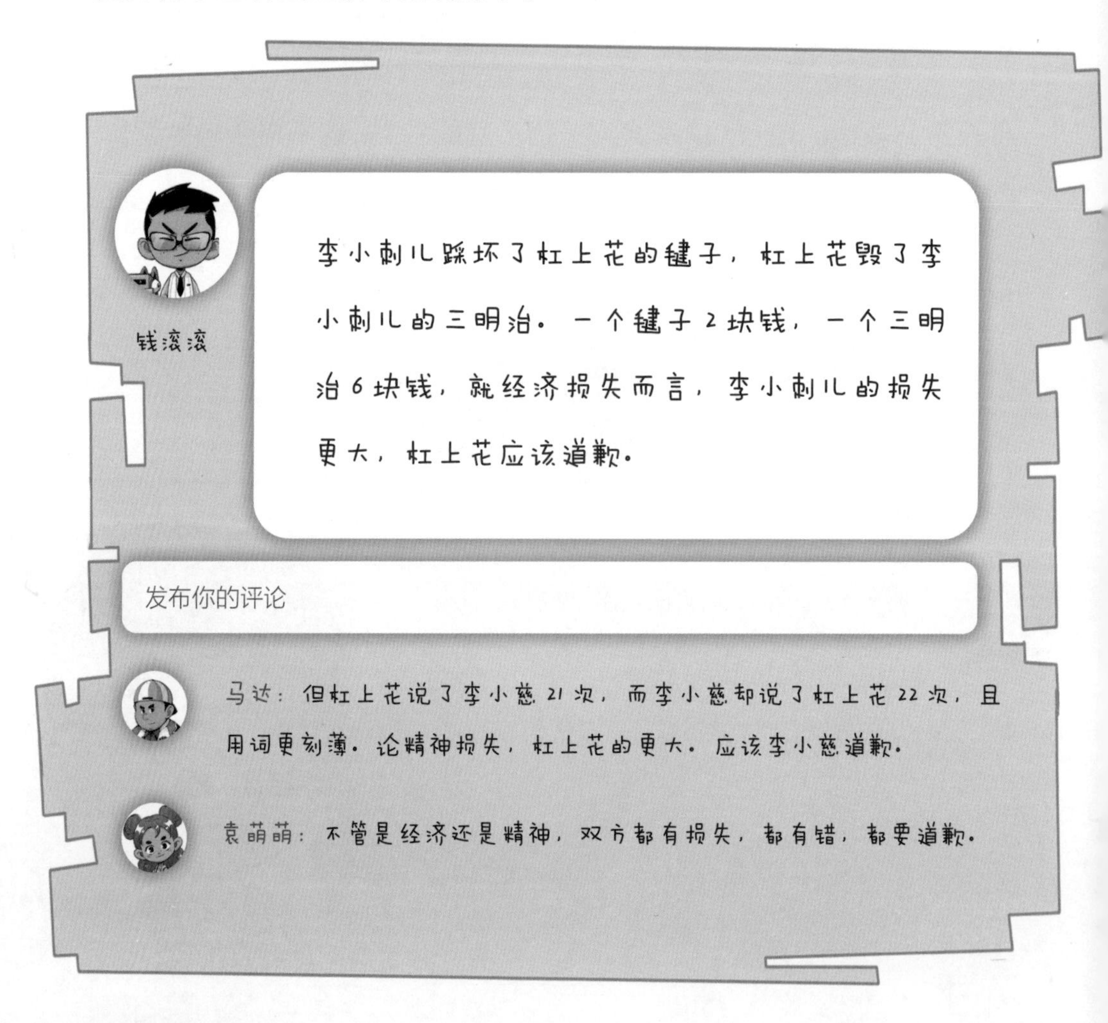

看着这些评论，杠上花和李小刺儿的怒气渐渐消了下去。接下来的一组评论更是让杠上花吃了一惊。

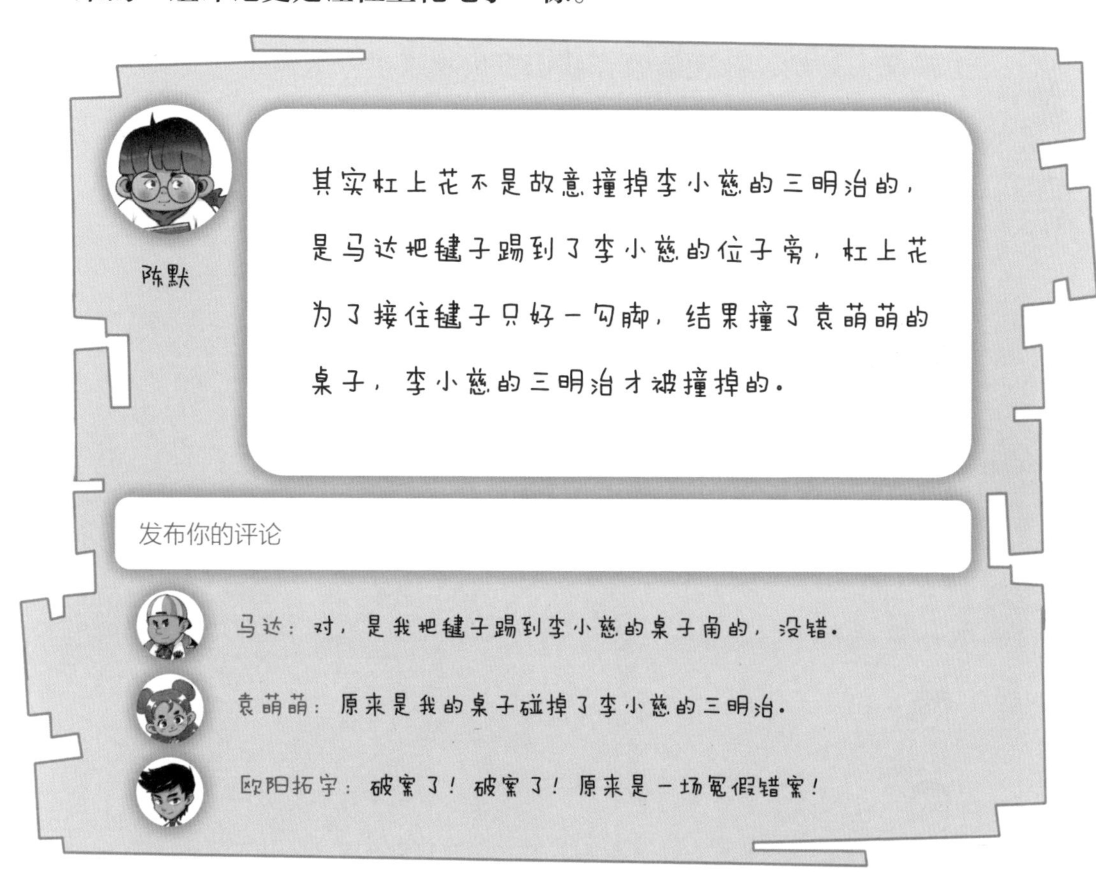

杠上花转过头，对李小刺儿说：“原来真是我撞了袁萌萌的桌子，三明治才掉地上的？我怎么一点儿也不知道呢？”

李小刺儿直接说：“你背上又没长眼睛，我又没带怼人翻译机。”

说着，她俩脸一红，都笑了。就这样，评理墙解决了李小刺儿和杠上花的矛盾。蔚蓝蔚蓝的老师说得没错！确实有我们自己解决问题的办法！

从那天开始，评理墙就在我们班火起来了！大家上评理墙发表评论的热情越发高涨，讨论的话题也越来越有意思。

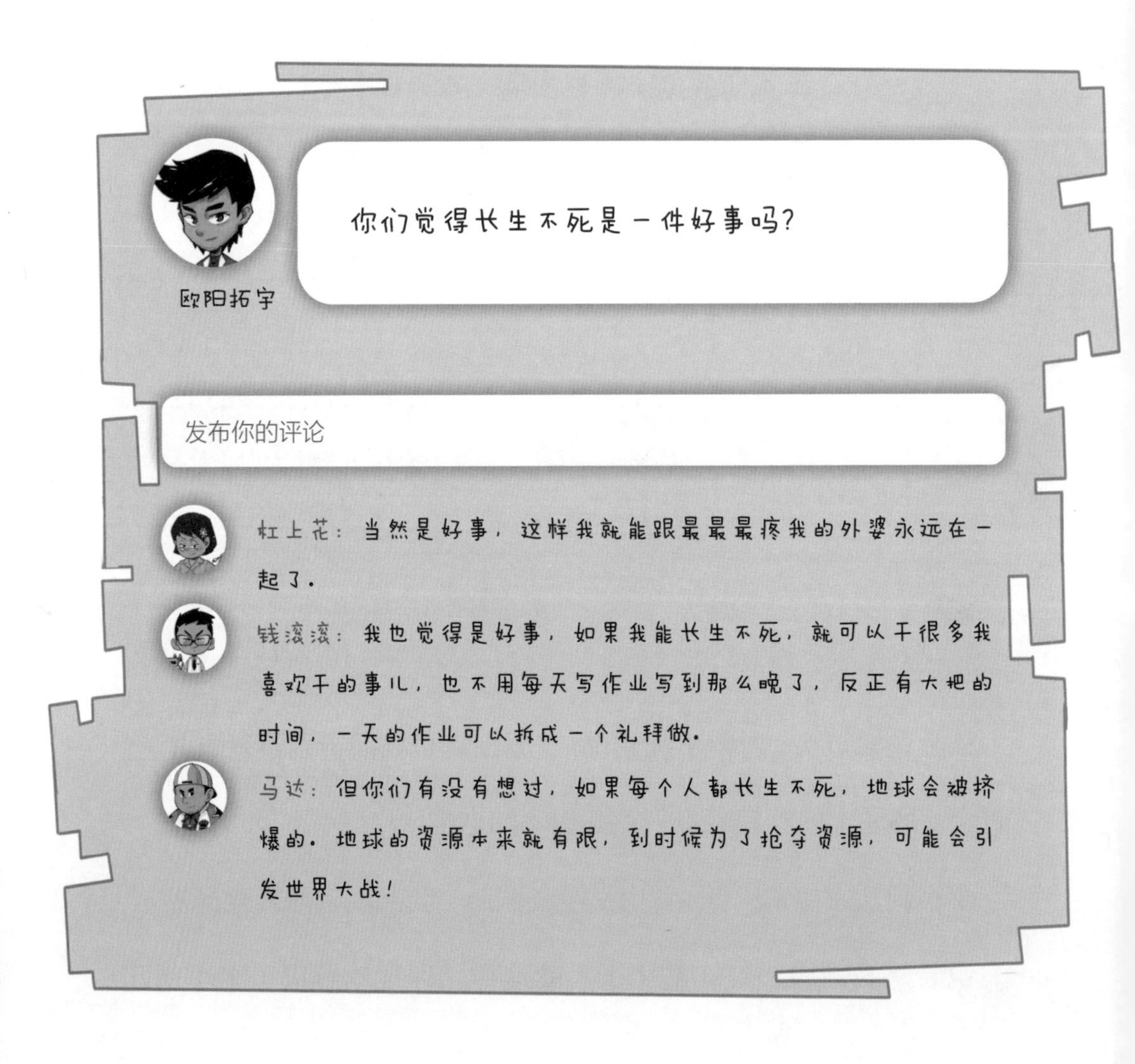

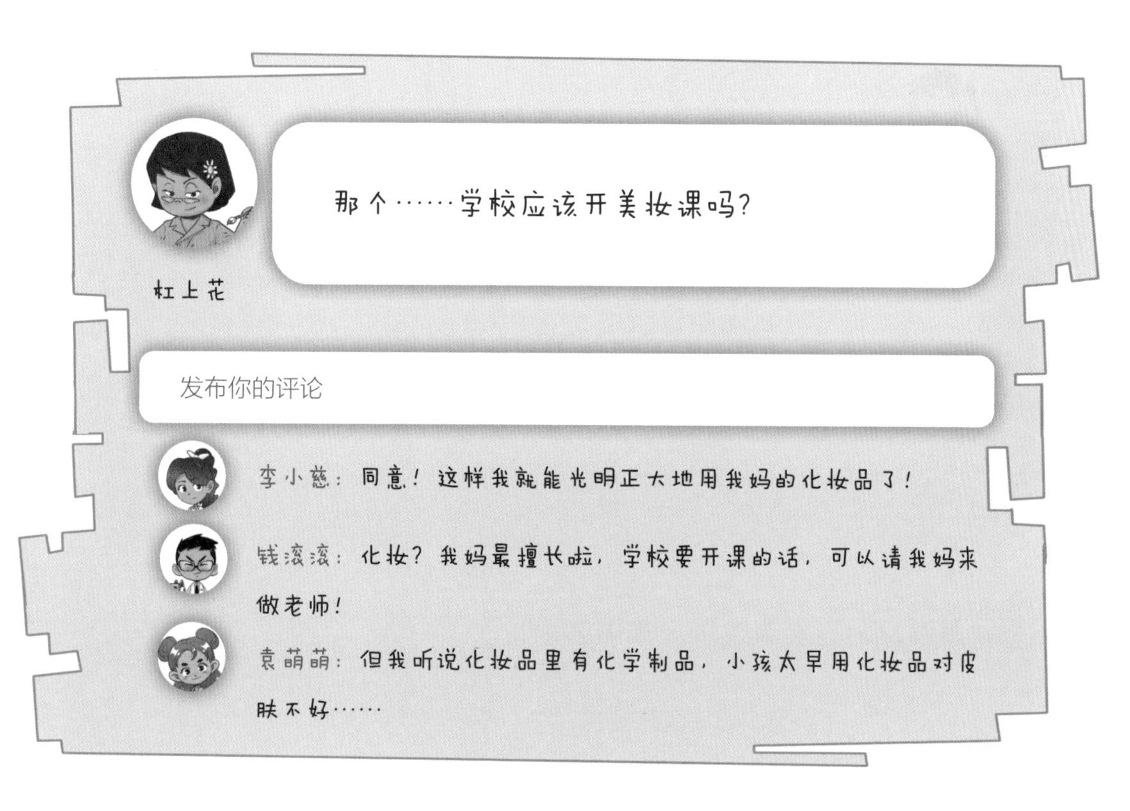

一场又一场的讨论让班里的气氛活跃起来，连蔚蓝蔚蓝的老师都说，我们班同学思想越来越开阔，越来越有奇妙小学的学生风范了！

就在这时，有人在评理墙上问："班干部要不要轮流担任？"

在此之前，我们班的班干部一直由班主任指定，像百里能，就连续三年被指定为班长。可别的班就不这样，比如一班，他们每个学期选一次，是同学们竞选，选出来的班干部每次都不一样。没想到，居然有人把我们的心声问了出来。很快，就有人在下面回复了。

钱滚滚

值得尝试，应该给其他人一个锻炼的机会。

发布你的评论

杠上花：如果总是由固定几个人当班干部，那些人就很容易傲慢自大。

马达：轮流当班干部能带动同学们的积极性。

就在这时，有人发了一条匿名评论。

匿名

其实，如果让我选，我选袁萌萌当班长，她又聪明又乐于助人，完全可以当班长。

发布你的评论

陈默：我也同意袁萌萌当班长！

李小慈：也该有个女班长了，老是男生，没意思。

杠上花：支持袁萌萌！

钱滚滚：支持袁萌萌！

这条评论瞬间得到了支持。

百里能的脸憋得通红，他还真沉得住气，愣是一句话没说。杠上花突然提议："要不，咱们搞个投票吧，看看选袁萌萌当班长的有多少人？"

"可评理墙没有投票功能啊？"欧阳拓宇说完，拍了拍我和百里能的肩膀，"两位发明家，你们迭代个 2.0 版，加个投票功能吧！"

我猜百里能当时肯定心里不好受。这可是他自己发明的工具呀，让别人用这个把他的班长选下去？不过，其实，那个……换个女生当班长，没准也不错，尤其是袁萌萌。

今天早上，我早早来到学校。整个周末，我都在担心今天的投票，然而没想到的是，奇怪的事发生了。一个周末，好多评论都从评理墙上消失了！这是怎么回事？正当我纳闷的时候，袁萌萌幽幽地说："去看看**后台程序**吧。"

"后台程序？什么意思？"

"可能出 **Bug** 了。"

Bug 是编程里的一个术语，意思是错误、问题、毛病。我当时听了还有点不好意思，毕竟后台程序代码是我写的，要是因为我的编程技术不到位，导致有 Bug，那可有点丢人。

正当我准备回去补 Bug 的时候，李小刺儿开始念评理墙上的话："'看来看去，还是百里能最适合当班长！你们还记得吗，有一次体育课，杠上花把脚崴了，是班长百里能一个人扶她去医务室的。'这是谁写的呀？我怎么不记得有这事儿了？"

杠上花一看，点头说："有的有的！那次班长把我送到医务室，整个后背全被汗水打湿了！我那会儿体重比现在还重的。"

钱滚滚也走了过来，说："下面还有！'有一次，李小慈生病了，连续一周都不能来上课，是百里能每天把做好的课堂笔记带给李小慈，才没让她落下功课。'还有这事儿？"

李小刺儿忙说："是的！那会儿他每次给我补完课，还要赶回家写自己的作业。后来我才知道，他家离我家也不近，因为给我补课，那一周他每天很晚才睡觉。"

欧阳拓宇也念了一条："百里能的组织能力和领导能力真的很强的！咱们去故宫的寻宝活动，好多主意都是百里能出的！"

"故宫寻宝那次可真好玩呀！"

"对！咱们组还得了第一呢！"

好多同学想起了那天的事儿。这下子，记忆匣子被打开了，大家七嘴八舌地回忆起百里能的班长事迹。不过，我一心惦记着 Bug，没怎么参与。

终于熬到下午的编程课了，我赶紧打开电脑，检查后台程序。你猜怎么着？我居然发现了一个惊天大秘密！Bug 倒是没有，但程序被修改了！修改的结果就是，凡是支持班干部轮流制和支持袁萌萌当班长的言论全被过滤掉了！怪不得看不到了。

等等，不对啊，这个程序只有百里能和我能进入，显然我没有修改程序，那么修改程序的——只能是百里能了！我又检查了一下那些支持百里能的评论，发现它们竟然全都出自一个发布人，那就是——百！里！能！

他怎么能这样？这不就是控评吗？当时我的心情就像不小心嗑到了发霉瓜子儿似的——不是滋味。评理墙是多么有意义、厉害又伟大的编程发明呀！这几天，大家在评理墙上讨论的问题比我在课外书上看到的都多！同学们的观点多有意思呀！哎，怎么变成这样了？这么控制大家的言论，还不如不弄这个墙呢。这哪叫评理墙，这上哪儿讲理去？

我没有告诉任何人，自己默默地把程序改了回来。看着那些被百里能过滤掉的评论又重新出现在墙上，我期待看到大家因自己的评论失而复得而欣喜。可没想到啊，同学们居然一个个都不好意思起来！

杠上花说："天呀，我昨天怎么想的？百里能这么好的班长，我居然想换掉他？"

一向沉默的陈默也说："班长连任也挺好，当班长很辛苦。"

李小刺儿直接改票："姜还是老的辣！班长这个位置得是百里能！"

今天放学的时候，我发现投票栏里，百里能以压倒性优势赢了袁萌萌！同学选出来的班长，还是百里能。

这？明明百里能是那个控评的人，把不喜欢他、不让他当班长的人都禁言了。怎么大家最后还是投了他？我太不能理解了！发明的意义到底是什么？如果科技掌握在不正义的人手中，又会创造出怎样的世界呢？

我陷入了迷茫，对要不要成为一个编程发明家，要成为一个怎样的编程发明家，产生了怀疑。不过，现在不是想这些的时候，马上要期末考试啦，等寒假的时候，我要好好想一想。

超能发明大揭秘

会编程可真棒！前几天，我跟班长百里能合作搞了个发明——评理墙。当大家意见不一致时，就可以在墙上发表意见，甚至还可以匿名评论。嘿嘿，这发明可真不错，我都有点小骄傲了！

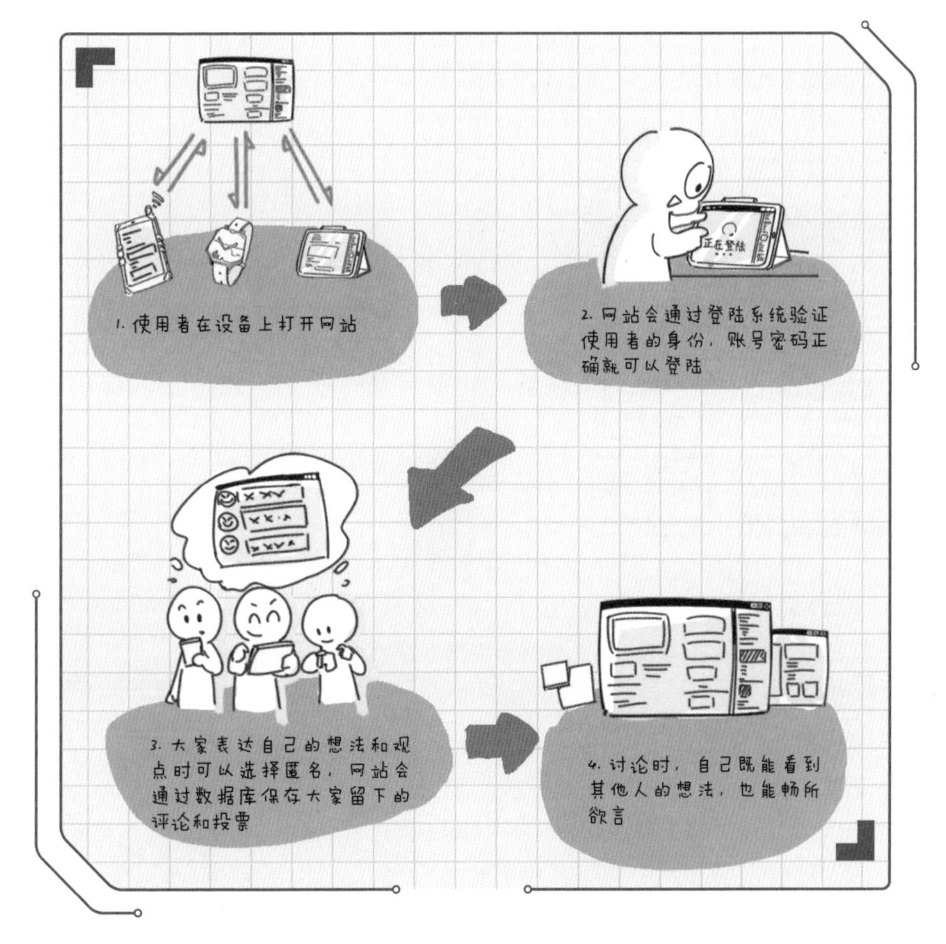

只要打开这个神奇的网站，你就可以选择感兴趣的话题，畅所欲言。嘿嘿，匿名发表绝对是这个发明的精髓。

网站的诞生

评理墙制作完成啦！现在互联网技术发达，建立一个网站已经不是什么难事了！网站能帮我们完成许多事情，查询信息、分享信息、沟通交流等。下面我就给你们讲讲，网站是如何诞生的。

一、准备服务器

在搭建网站之前，我们需要准备好网站服务器，这里用来放置网站文件，让全世界浏览，也可以放置数据文件，让全世界下载。我们可以自己搭建一个本地服务器，或者租用一个云服务器。

二、搭建网站

搭建网站可以大致分为三步：

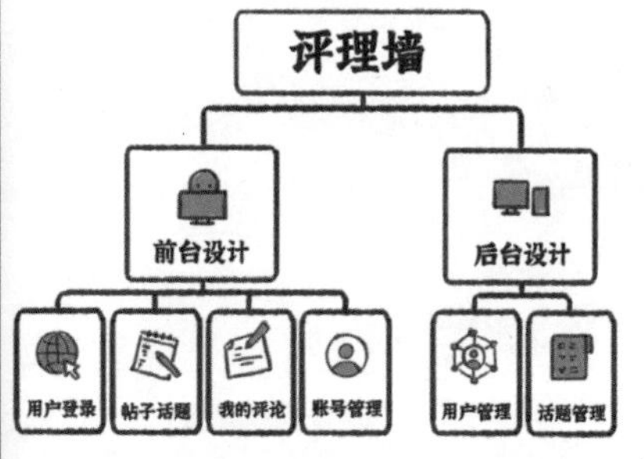

（1）构思网站功能

这是网站搭建的基础，有需求，才有发明呀。

（2）设计网站外观

一个优秀的网站，一定有合理且美观的网页设计。

（3）编写网站程序

网站的样式和功能设计好了，我们就可以编写网站程序，来实现我们之前的设计和功能构想啦。

三、域名解析

域名就像门牌号，其他人在浏览器中输入域名，就可以直接访问你的网站啦。

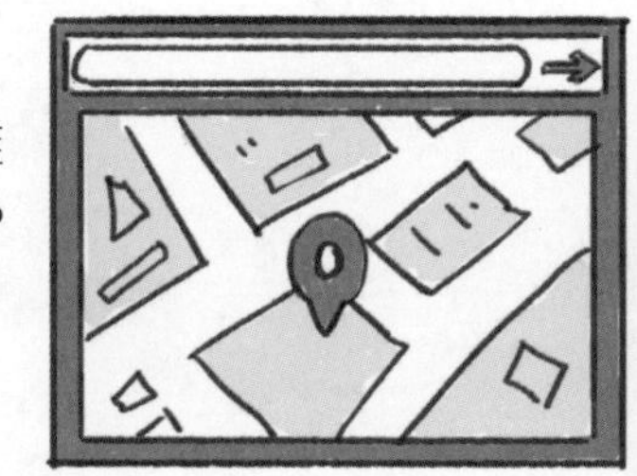

虽然通过 IP 地址可以直接访问网站，但一串数字还是很难让人记住的，可以租用一个适合自己的网站的域名与我们的 IP 地址进行绑定，一个好的域名选择可以让网站容易被人记住。这样别人输入我们的域名，就可以访问我们的网站。

接下来就可以开始测试了。

四、网站备案

在网址测试完成之后，需要第一时间进行网站备案。备案成功之后，才可以正式使用。

超能编程队 2 捣蛋鬼有大愿望

总　策　划｜李　翊

监　　　制｜黄雨欣

内容主编｜黄振鹏

执行策划｜刘　绚

故事编写｜涂　洁　刘　绚　王　岚　杨　洋

插　　　画｜许　坤　孙　超　李子健　白　羽　范雪慧

编程教研｜蔡键铭　陈　月　王一博　王浩岑

产品经理｜于仲慧

产品总监｜韩栋娟

装帧设计｜付禹霖

特约设计｜小　一

技术编辑｜丁占旭

执行印制｜刘世乐

出　品　人｜刘　方

奇妙漫画

健身“神器”

袁萌萌，今天我请你吃饭！
可是我在健身！

没事，你吃牛肉，牛肉不长肉！
嘀嘀，热量256大卡！

那你吃鱼肉，鱼肉也不长肉！
嘀嘀，热量168大卡！

能不能测测我的卡路里？
测你？

嘀嘀，热量超标，警报！

吃不胖

有了这个神器，我再也不会长胖了。
为什么呢？

只要用它识别指定食物，

如果热量超标，它就会发出警报。
热量超标

我只吃不超标的食物，保证不会胖。
热量正常

哎——一根香蕉是不超标，可这么多根……

创作流程

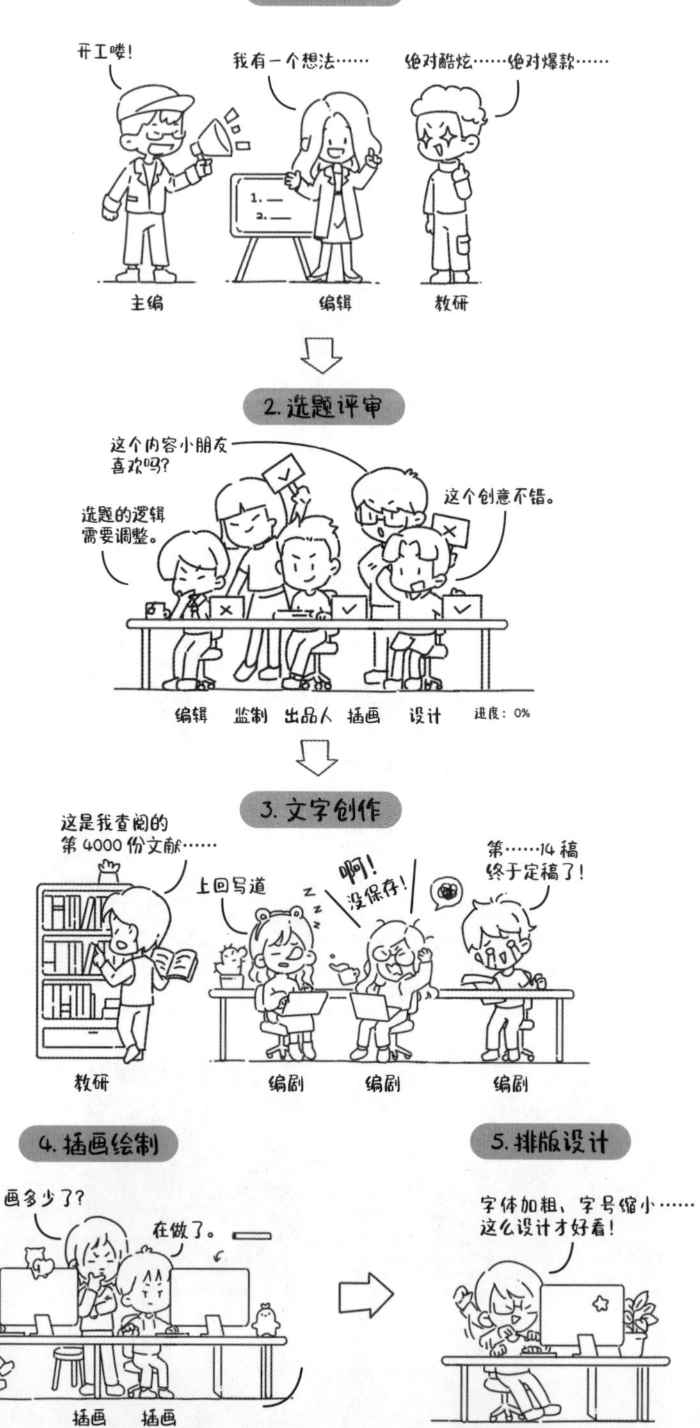
1. 选题策划
开工喽！
我有一个想法……
绝对酷炫……绝对爆款……
1.
2.
主编
编辑
教研
2. 选题评审
这个内容小朋友喜欢吗？
选题的逻辑需要调整。
这个创意不错。
编辑
监制
出品人
插画
设计
进度：0%
3. 文字创作
这是我查阅的第4000份文献……
上回写道
啊！没保存！
第……14稿终于定稿了！
教研
编剧
编剧
编剧
4. 插画绘制
画多少了？
在做了。
插画
插画
插画
5. 排版设计
字体加粗、字号缩小……这么设计才好看！
设计

6. 内容审核

7. 内容终审

8. 图文定稿

你以为这就完成了吗？
当然不是，书稿还要交给出版方——果麦和出版社
请继续往下看

9. 出版编校

10. 完成啦！

好了，这就是你看到的这套书！
（再见）

图书在版编目（C I P）数据

超能编程队. 2，捣蛋鬼有大愿望 / 猿编程童书著
. -- 昆明 ：云南美术出版社，2022.7（2024.7重印）
ISBN 978-7-5489-4966-4

Ⅰ. ①超… Ⅱ. ①猿… Ⅲ. ①程序设计-青少年读物
Ⅳ. ①TP311.1-49

中国版本图书馆CIP数据核字(2022)第097455号

责任编辑：梁 媛 于重榕
责任校对：赵 婧 温德辉 邓 超
装帧设计：付禹霖

超能编程队. 2，捣蛋鬼有大愿望
猿编程童书 著

出版发行：云南美术出版社（昆明市环城西路609号）
制版印刷：天津市豪迈印务有限公司
开 本：710mm x 960mm 1/16
印 张：7
字 数：200千字
印 数：23,001-28,000
版 次：2022年7月第1版
印 次：2024年7月第5次印刷
书 号：ISBN 978-7-5489-4966-4
定 价：39.80元